蝴蝶兰栽培技术图谱

许申平　编著

河南科学技术出版社
·郑州·

图书在版编目（CIP）数据

蝴蝶兰栽培技术图谱 / 许申平编著. — 郑州 : 河南科学技术出版社，2019.6（2022.10重印）

ISBN 978-7-5349-9468-5

Ⅰ. ①蝴… Ⅱ. ①许… Ⅲ. ①兰科—花卉—观赏园艺—图谱 Ⅳ. ①S682.31-64

中国版本图书馆CIP数据核字（2019）第099995号

出版发行：河南科学技术出版社
地址：郑州市郑东新区祥盛街27号　　邮编：450016
电话：（0371）65737028　65788613
网址：www.hnstp.cn

策划编辑：陈淑芹
责任编辑：申卫娟
责任校对：金兰苹
封面设计：张　伟
责任印制：张艳芳
印　　刷：河南瑞之光印刷股份有限公司
经　　销：全国新华书店
开　　本：890 mm × 1240 mm　1/32　印张：6.5　字数：196千字
版　　次：2019年6月第1版　2022年10月第3次印刷
定　　价：49.00 元

前言

第一次深入接触蝴蝶兰是在进入一家园林公司参加大学毕业实习的时候。虽然在花卉学的课堂上，已对蝴蝶兰的美有了部分了解，但是当花色艳丽的上千枝含苞待放的“蝴蝶”同时映入眼帘的时候，我还是非常震惊。那时，蝴蝶兰产业正处于蓬勃发展的时期，单枝蝴蝶兰的售价基本维持在50元。因价格昂贵，蝴蝶兰的日常消费较少，基本作为高档年宵花进行礼品销售。

经过2个月的实习，我对蝴蝶兰有了更加深入的了解。其一，蝴蝶兰颜色丰富，既有纯白、鹅黄、绯红，也有淡紫、橙赤和蔚蓝。有不少品种兼备双色或三色，有的好像绣上图案的条纹，有的如喷了均匀的彩点，每枝开花七八朵，多的十二三朵，仿佛一群列队而出的蝴蝶正在轻轻飞翔，那种飘逸的闲情，令人产生一种如诗如画、似梦似幻的感觉。其二，蝴蝶兰的植株非常奇特，既无匍匐茎，也无假球茎；每棵植株只长出数片像汤匙般肥厚的阔叶，交互叠列在基部之上；白色粗大的气根则露在叶片周围，有的还攀附在花盆的外壁，极富天然野趣。其三，蝴蝶兰的种子非常小，自然播种成功率极低，因此蝴蝶兰的工业化生产基本都采用无性繁殖，必须利用组织培养的技术在无菌的条件下进行。

本着对蝴蝶兰的热爱及对其生长发育的好奇，在硕士研究生阶段的学习过程中，我主要从事蝴蝶兰的组织培养、育种及栽培等方面的研究，选择了广东省农业科学院花卉研究所为研究基地，主要进行“蝴蝶兰分子遗传图谱的构建及若干性状的QTL分析”的研究，首次构建了蝴蝶兰的分子遗传图谱，并对蝴蝶兰的主要性状进行了定位分析；在博士研究生阶段，我则主要进行“CO_2加富对蝴蝶兰光合生理及生长发育的影响”的研究。毕业以后，我在郑州师范学院生物工程研究所工作，多年来一直进行蝴蝶兰的组织培养、育种、栽培和分子生物学方面的研究。经过多年的研究，我在国内外期刊上发表蝴蝶兰相关论文8篇，申请专利3项，在蝴蝶兰研究方面具有较好的理论基础。

为了让更多的人了解蝴蝶兰的精彩世界，推进我国蝴蝶兰产业的健康发展，特编写了本书。本书主要包括蝴蝶兰简介、蝴蝶兰新品种选育、蝴蝶兰栽培实用技术和蝴蝶兰家庭种植四个部分，系统介绍了蝴蝶兰的形态特征、新品种选育、繁殖、种植、病虫害防治、水培和家庭种植等。本书既有作者十多年从事蝴蝶兰研究与生产的成果，又总结了近年来国内外蝴蝶兰方面的最新研究成果，特别是对蝴蝶兰的原生种进行了归纳，内容全面，图文并茂，通俗易懂，可为蝴蝶兰爱好者、生产和科研工作者提供一定的参考。

由于编者水平所限，书中不足之处，恳请广大读者不吝赐教，提出宝贵意见，以便今后继续修订完善。

编者

2018 年 10 月

目录

第一篇 蝴蝶兰简介

第一章　蝴蝶兰的花文化

蝴蝶兰作为观赏花卉已有悠久历史，而进入我国花卉市场，特别是形成我国的一个具有特色的高档花卉产业，却大约是从20世纪末开始的。蝴蝶兰因其花型奇特、花姿优美、花色艳丽、花期长等优点，深受消费者青睐，成为国际花卉市场上最受欢迎的热带兰之一，被誉为“兰花皇后”，常作盆栽或切花。“赏兰先赏叶，叶茂花始繁，风摇花枝颤，蝴蝶飞满天。”蝴蝶兰无论是色彩、形态还是韵味都达到了极致，非其他花卉可比，具有极高的观赏价值，为热带兰类中的珍品，是最畅销和深受人们喜爱的年宵花之一（图1.1.1）。

图1.1.1　待出售的年宵花蝴蝶兰

一、蝴蝶兰的传说

传说一：

很久很久以前，在一座秀绝天下的大山里，有一个清幽的山谷，空谷中有幽幽一池碧水。一天，一只孤单的蝴蝶被大山的秀气所吸引，不知不觉间，来到了这个空谷，立时因那绝世的柔情、亘古的魅力，还有那幽幽碧水与隔世离空的寂寞而陶醉！“终于找到我梦中所依，”蝴蝶在心中诉说，“这个让我找了千年的地方空谷。”

于是，在一个星光斑斓的夜晚，当一颗美丽的流星划过天际时，蝴蝶许下了她一生中唯一的心愿：金风乍起时，白露初临际，在蝶化为尘的瞬间，希望千年的爱慕能变成生命种子，撒遍空谷。

流星划着一道优美的弧线，归于虚空。

来年山花烂漫时，空谷中真的萌发了一谷紫色幽兰——蝴蝶兰（图1.1.2）！

图 1.1.2 紫色蝴蝶兰

清风微拂，蝴蝶翩翩，池中碧波曼舞，兰香阵阵，空谷从此不空，这就是蝴蝶兰的传说。

蝴蝶兰族，就是从这空谷中走来，她们总是静静地生长于一处，不沾染人间烟火。和莲花王族、紫薇帝族、凰河古族一样，蝴蝶兰族是这世间最古老神秘的种族之一，拥有着奇特的力量。

蝴蝶找寻到心爱，便会永久停下，不再离开。

她们幽守空谷，默默地守候着自己的所爱，不看一眼世间任何的繁华，不计较世间所有的荣辱盛衰。

传说二：

相传秀绝天下的空谷有一株兰，因长在一处偏僻的地方，常常感到很孤独、很无奈。她只有绿绿的叶子，没有美丽芳香的花朵，因而总期望有一天可以开出美丽的花朵，引来漂亮的蝴蝶。但现实是残酷的，她始终未能如愿。就在她要放弃这个梦想，逐渐枯萎，迈向死亡的一刻，一只累倒的蝴蝶跌落在她的怀里，给她带来了希望，重燃了她的梦想与生的希望。在蝴蝶不能再次展翅飞翔的日子里，兰托起了蝴蝶，她们互相依偎，相依相恋。终于有一天，蝴蝶静静地闭上了眼睛，轻轻地从兰叶上飘落了下来。兰知道，那一刻终于来了，她的心也随着蝴蝶去了。第二年，在兰与蝴蝶死去的地方，长出了一株开着像蝴蝶一样的花的神奇植物。又过了很久，一位老人发现了她，并把她带离了空谷，取名“蝴蝶兰”。

二、蝴蝶兰的寓意

蝴蝶兰有着独特的文化象征，美丽而又娇艳，高雅而又纯净，人们将它喻为“十分漂亮的公主”，象征女子的清新脱俗和美丽优雅。具有灵动之意的蝴蝶兰也有着飞向幸福的象征意义。因此，蝴蝶兰除了有美丽的传说之外，还有寓意吉祥的花语，蝴蝶兰的花语为“我爱你，幸福向你飞来”。犹如蝴蝶翩跹的蝴蝶兰，带着幸福正向你翩翩飞来。有这样美好寓意的蝴蝶兰十分适合送朋友或者恋人，希望能给他们带来好运。

蝴蝶兰的品种很多，颜色丰富，花期长，极具观赏价值。不同品种、不同颜色的蝴蝶兰，其花语也不相同。

1.白花蝴蝶兰花语（图1.1.3） 爱情纯洁，友谊珍贵。

白花蝴蝶兰象征着爱情纯洁和友谊珍贵，新婚的时候在家里放一株白花蝴蝶兰象征着美好的婚姻。和朋友一起住的人，在家摆放一株蝴蝶兰，象征着和睦共处。

图 1.1.3　白花蝴蝶兰

2.红心蝴蝶兰花语（图1.1.4）　鸿运当头，永结同心。

图 1.1.4　红心蝴蝶兰

3.红色蝴蝶兰花语（图1.1.5）　仕途顺畅，幸福美满。

图 1.1.5　红色蝴蝶兰

红色蝴蝶兰象征着仕途顺畅和幸福美满，这一点相信是所有年轻夫妇的愿望，种上一株红色蝴蝶兰能给婚姻和仕途增添一点色彩。

4.条纹及斑点蝴蝶兰花语（图1.1.6） 事事顺心，心想事成。

图 1.1.6 条纹及斑点蝴蝶兰

条纹及斑点蝴蝶兰象征着事事顺心和心想事成，适合每一个家庭和每一个年龄段的人。

5.黄色蝴蝶兰花语（图1.1.7） 事业发达，生意兴隆。

图 1.1.7 黄色蝴蝶兰

黄色蝴蝶兰象征着事业发达和生意兴隆，特别适合做生意的人，能够给他们带来好运。

6.迷你蝴蝶兰花语（图1.1.8） 快乐天使，风华正茂。

图 1.1.8　迷你蝴蝶兰

第二章　蝴蝶兰形态特征与生长习性

一、蝴蝶兰概要

蝴蝶兰最初于1750年由德国科学家G.E.Rumphius在安纹岛上发现，称其为AngrekBoelan（月亮兰花）。1825年，德国兰花分类学家C. L. Blume发现其形态和结构都具有蝴蝶般的美丽，依据隆非Rumph在印度尼西亚搜集的一个热带兰干标本而创立了蝴蝶兰属，就将其命名为蝴蝶兰，并一直沿用至今。蝴蝶兰自然分布于赤道南北纬23° 范围内的东南亚及北澳地区。

蝴蝶兰的学名希腊文的原意为“好像蝴蝶般的兰花”。它能吸收空气中的养分而生存，归入气生兰范畴，可以说是热带兰花中的一个大族。它的植株非常奇特，既无匍匐茎，也无假球茎。每棵植株只长出数片像汤匙般肥厚的阔叶，交互叠列在基部之上。白色粗大的气根则露在叶片周围，有的还攀附在花盆的外壁，极富天然野趣。到了新春时节，一枝长达盈尺的花序轴（花序梗）就从叶腋抽出，然后一朵接一朵地开放。每朵花均有5片，中间嵌镶唇瓣。花色鲜艳夺目，既有纯白、鹅黄、绯红（图1.2.1），也有淡紫、橙赤和蔚蓝（图1.2.2）。有不少品种兼备双色或三色（图1.2.3），有的好像绣上图案的条纹（图1.2.4），有的如喷了均匀的彩点（图1.2.5），每枝开花七八朵，多的十二三朵，可连续观赏六七十天。

图 1.2.1　丰富多彩的蝴蝶兰（一）

图 1.2.2　丰富多彩的蝴蝶兰（二）

图 1.2.3　多色蝴蝶兰

图 1.2.4　条纹蝴蝶兰

当全部盛开时，仿佛一群列队而出的蝴蝶正在轻轻飞翔，那种飘逸的闲情，令人产生一种如诗如画、似梦似幻的感觉（图1.2.6）。

图 1.2.5　斑点蝴蝶兰

图 1.2.6　蝴蝶兰群体

二、蝴蝶兰形态特征

蝴蝶兰是兰科蝴蝶兰属植物中的一个种，而不是一个品种。种是具有一定的自然分布区和一定的形态特征与生理特性的生物类群，是生物分类的基本单位；品种主要是指经过人工选育或者发现并经过改良，形态特征和生物学特征一致，遗传性状相对稳定的植物群体。品种是栽培植物的特定群体，只用于栽培植物的分类上，在野生植物中不使用品种这一名词。我们习惯把版纳蝴蝶兰、小兰屿蝴蝶兰、海南蝴蝶兰和华西蝴蝶兰等蝴蝶兰属植物统称为蝴蝶兰，但它们是不同的物种。

蝴蝶兰同其他植物一样，由根、茎、叶、花、果实和种子组成（图1.2.7）。据《中国植物志》第19卷载：茎很短，常被叶鞘所包。叶片稍肉质，常3～4枚或更多，上面绿色，背面紫色，椭圆形、长圆形或镰刀状长圆形，长10～20 cm，宽3～6 cm，先端锐尖或钝，基部楔形或有时歪斜，具短而宽的鞘。花序侧生于茎的基部，长达50 cm，不分枝或有时分枝；花序柄绿色，粗4～5 mm，被数枚鳞片状鞘；花序轴紫绿色，多少回折状，常具数朵由基部向顶端逐朵开放的花；花苞片卵状三角形，长3～5 mm；花序轴连同子房绿色，纤细，长2.5～4.5 cm；花白色，美丽，花期长；中萼片近椭圆形，长2.5～3 cm，宽1.4～1.7 cm，先端钝，基部稍收狭，具网状脉；侧萼片歪卵形，长2.6～3.5 cm，宽1.4～2.2 cm，先端钝，基部收狭并贴生在蕊柱足上，具网状脉；花瓣菱状圆形，长2.7～3.4 cm，宽2.4～3.8 cm，先端圆形，基部收狭呈短爪，具网状脉；唇瓣3裂，基部具长7～9 mm的爪；侧裂片直立，倒卵形，长2 cm，先端圆形或锐尖，基部收狭，具红色斑点或细条纹，在两侧裂片之间和中裂片基部相交处具1枚黄色肉突；中裂片似菱形，长1.5～2.8 cm，宽1.4～1.7 cm，先端渐狭并且具2条长8～18 mm的卷须，基部楔形；蕊柱粗壮，长约1 cm，具宽的蕊柱足；花粉团2个，近球形，每个劈裂为不等大的2片。花期4～6月。

图 1.2.7　蝴蝶兰植株
A. 单茎未分枝蝴蝶兰　B. 多花序轴分枝型蝴蝶兰

1. 根　蝴蝶兰的根为气生根，皮层多肉性，会从茎的基部及植株低节位处萌发，根系十分发达（图1.2.8）；生长于介质间隙的根为白色，暴露于介质外的气生根为绿色，其皮层细胞具叶绿体。因根部缺乏有机酸含量及二氧化碳释放周期性的变化，根部被认为是行C3型光合作用。原产地蝴蝶兰的根紧紧地着生在树皮上，起到支撑植株的作用。养分和水分都通过根吸收传到茎、叶及花，根、叶可以吸收空气中的湿气。蝴蝶兰的根部除具典型吸收水分及矿物质的功能之外，亦可行光合作用并贮藏养分及水分。故蝴蝶兰成株外销时在黑暗长途运输过程中，根可能具有提供养分及水分的潜能。

图 1.2.8　蝴蝶兰的根

健康的根看上去鲜活有光泽感。根的先端呈半透明的绿色或黄绿色，也有呈琥珀红色，根尖为银白色。一般1年以上的老根，慢慢会变成黄褐色。如果栽培基质老化或栽培不当，就会引起烂根，需要更换新的基质。浇水过频，基质渐被水分占据，根缺少氧气，呼吸作用就会不畅，根先端会变黑，严重时坏死。温度低时，明显缺乏活力，无光泽感，生长停顿，严重时根尖发黑。

根有粗细多少之分，栽培管理得好，根会长得粗壮些，数量也多一些，但也有品种遗传的原因。有些品种根比较细长，或根数量较少，或根喜欢空气，栽培时容易长到盆的外面等。如白花红心的根细长的多，接近原种的品种的根极易上翘出盆。

可以从根的好坏来判断蝴蝶兰的长势状况。健壮的蝴蝶兰，大都有健全的根系，根一般环绕盆内侧生长。在温度、湿度适宜的春季和夏季，发新根多，长势也旺盛。栽培时要抓住蝴蝶兰的生长季节，进行适当的肥水管理，促使蝴蝶兰快速生长。

2. 茎　蝴蝶兰只有一个生长点，属单茎性兰花。所以蝴蝶兰很难进行分株繁殖，但可以借由生长点不断向上生长，一般寿命可达10年左右。蝴蝶兰的茎节较短，被互生的叶基彼此紧包（图1.2.9）。茎有粗细之分，茎间有长短之别。茎粗一些，茎节短一点，紧凑壮实的蝴蝶兰比较好。但同根一样，也有遗传因素影响，一般杂交代数少的茎较细，茎节也长。

茎是蝴蝶兰的支柱，起到支撑叶及花序轴的作用，同时，由于蝴蝶兰没有其他兰花的假球茎，所以茎还是存贮输送养分的中转站。根吸收来的水、矿物质以及叶通过光合作用制造的养分，会通过茎段进行再分配。茎段越粗表明养分贮备充足，相对开出的花大。如果栽培时光线过弱，叶子面积看起来大，但比较薄，茎相对也比较细且长，开花数量就较少，花期也短。

有时，因栽培环境不合适，或植株变异，蝴蝶兰的茎在顶端会转变为花芽（图1.2.10）。

图 1.2.9　蝴蝶兰的茎

图 1.2.10　蝴蝶兰的茎转化为花芽

3. 叶　蝴蝶兰叶互生，宽大肥厚，一般叶宽5～10 cm，长20～30 cm，表面有蜡质光泽（图1.2.11）。

叶片形状以圆整、肥厚、竖立的为佳。叶片软长、叶肉较薄的贮存的养分较少，栽培时占地也大，不适合作为栽培品种。叶子数量越多越好，但由于遗传的原因，某些品种的叶子易引起生理性脱落，如一些白花红心品种，在换盆后容易落叶，但对开花没有太大影响。

图 1.2.11　健壮的蝴蝶兰叶片

4. 花

（1）花芽：经过约2年的栽培，健壮的蝴蝶兰植株经过凉爽的秋天，一般大花品种的蝴蝶兰从上往下数3～4枚完全叶的基部叶芽分化出花芽，并开始伸长（图1.2.12）。迷你型品种，发生的部位不易确定。在工厂化栽培中，可以进行低温诱导花芽。

图 1.2.12　蝴蝶兰花芽发育

蝴蝶兰的新根与花芽皆由叶鞘往外萌出，无经验的初学栽培者，经常将蝴蝶兰的根与花芽相混淆。其实仔细观察还是不难区分的：蝴蝶兰根的先端光滑较圆，呈白色，稍长后根的先端朝下，无节间；蝴蝶兰花芽先端较尖，一般为紫色或绿色，伸长后方向朝上，有节间。（图1.2.13）。

图 1.2.13 蝴蝶兰的花芽与幼根

（2）花序和花序轴：正常情况下，蝴蝶兰的花序包括总状花序和圆锥花序两种类型。大花型蝴蝶兰的花序轴无分枝，表现为总状花序（图1.2.14）；小花型蝴蝶兰的花序轴多具分枝，每一分枝上再形成一个总状花序，表现为复总状花序，即圆锥花序（图1.2.15）。

图 1.2.14 蝴蝶兰总状花序

图 1.2.15 蝴蝶兰圆锥花序

蝴蝶兰的花序轴起到支撑花朵的作用，鲜艳的花朵，就像翩翩飞舞的彩蝶，着生在修长的花序轴上，显得亭亭玉立，妩媚动人。蝴蝶兰的花序轴的颜色有绿色、褐色之分，还有粗细、软硬、成形难易及柔韧性的不同。一般认为褐色花序轴品种花瓣厚，花期长，实际上绿色花序轴品种也有很多花期长的，所以花序轴颜色同花期是没有什么关联的。切花品种，需要适当硬度的花序轴，插花时不至于下垂，如常见的蝴蝶兰大白花切花‘V3’。盆花品种，选择花序轴软硬适中，成形容易的比较好。太脆的花序轴不易造型。所以最好是选择花序轴柔韧性比较好的蝴蝶兰作盆花品种。花序轴高度根据品种不同经常有很大差异（图1.2.16），大花系一般可以达到40～90 cm，小花系20～30 cm。有些品种会抽出双花序轴或有分枝产生，分枝多的品种不宜合株种植，宜单株观赏。做切花的品种，宜选较长的花序轴。盆花的花序轴太长，既不美观又增加了运输难度，大花品种以40～60 cm为宜。

图 1.2.16　不同花序轴高度的蝴蝶兰

（3）花朵结构：蝴蝶兰的花由1枚上萼片、2枚下萼片、2枚翼瓣、1枚唇瓣及1个蕊柱组成（图1.2.17）。

蝴蝶兰的花具有典型的轮状结构，其6枚花被片呈2轮排列，基本与双子叶植物花的结构组成一致，但有其独特的形态特异性。其中，萼片3枚，位于外轮；呈瓣化，与花瓣在大小、形状和着色上相似。瓣片3枚，位于内轮：其中2枚是侧瓣，展示于花的左右，是花朵中观赏价值最高的部分，还有1枚位于下方的瓣片特化成唇瓣，形态明显不同于侧瓣。唇瓣的先端有2条细长卷曲的龙须，对称地分于唇瓣的两边；唇瓣的基部还有1个突起状物；唇瓣的花色形状变化非常丰富。

蕊柱又称合蕊柱，由雌蕊和雄蕊融合而成，是兰科植物特有的器官。合蕊柱顶端为花药，被药帽所覆盖；药床下方有一药腔，里面充满黏液，利于虫媒传粉。花药2室，花粉黏合成块，花粉团2个，近球形，2个橙色的花粉块很像炯炯有神的双眼。子房下位，1室，侧膜胎座，侧生胚珠。花粉块上连有盘状黏块，在昆虫采蜜退出时，揭下花粉块，并黏着于昆虫背上。蕊柱正面靠近顶端有个穴，称为柱头穴，为蝴蝶兰的雌性器官，内有黏液，在昆虫带花粉块进入时，可粘住花粉而受精。子房位于花序轴的顶端，与其他被子植物不同的是，蝴蝶兰的子房在未受精之前是不发育的，很难与花序轴区分。子房发育在授粉后启动。

图 1.2.17　蝴蝶兰的花朵结构

蝴蝶兰的花朵结构复杂，在生长发育过程中，经常由于栽培环境不适、肥害、药害、病毒、植物自身因素等的影响，花朵出现变异，常见的有翼瓣变异，如翼瓣变异为唇瓣、翼瓣退化等（图1.2.18）；下萼片变异为唇瓣（图1.2.19）；花瓣边缘呈现锯齿或波浪状、蕊柱瓣化等（图1.2.20）。

图 1.2.18　蝴蝶兰翼瓣变异

图 1.2.19　蝴蝶兰下萼片变异

图 1.2.20　蝴蝶兰其他花朵器官变异

5. 果实和种子　蝴蝶兰需要昆虫传粉或人工授粉才能结实。果实称为蒴果（图1.2.21），果荚呈长棒状，发育慢，一般需经4个月左右的时间才能成熟。当蝴蝶兰果实呈黄绿色时，要及时采收，否则易裂果。每个果实中含种胚上万至几十万粒，兰花种子具有未分化的特点，蝴蝶兰的种子也具有这一特性，只是一团未分化的胚细胞，胚小，种皮宽大，呈纺锤形，没有贮藏营养物质的组织（图1.2.22），所

图 1.2.21　蝴蝶兰的果实

图 1.2.22　蝴蝶兰的种子

以在自然条件下必须借助真菌而萌发，萌发率极低，一般采用人工组织培养的方式进行无菌播种，可获得大量的幼苗。

三、蝴蝶兰生长习性

蝴蝶兰种类丰富，分布广，东起菲律宾、新几内亚，南达澳大利亚北部，西至苏门答腊，北到我国台湾、云南、四川西部均有原种存在，有50多种。其中，我国有7种。原产地的蝴蝶兰都着生在树干或树杈上，而且往往是在高温多湿的河流旁边，这些地方有明显的降雨期及干旱期（图1.2.23）。

图 1.2.23　仿野生蝴蝶兰栽培

蝴蝶兰由于生长在树枝上，所以夏天光线强时有树枝和叶片遮光，秋季光线开始变弱，但随着落叶，光线可以通过树枝照射到植株上。春天树的新叶长出又可以遮挡强光，避免强烈的日光灼伤蝴蝶兰植株。

从蝴蝶兰的原产地环境不难发现，蝴蝶兰喜高温、多湿、散射光及通风良好的环境，忌闷热及强光直射。

第三章 蝴蝶兰的光合作用与生理特性

兰科植物广泛分布于热带、亚热带地区，生物多样性极其丰富，形成了耐干旱或喜半阴等适应多种生境的不同生态生理类型。植物能在环境水分胁迫时光合途径发生 C_3 途径和 CAM（景天酸代谢）转换，是植物应对环境、提高水分利用效率的一种自我生理调节和遗传进化。

一、植物的光合特性

1. 植物的光合代谢途径 光合作用是指绿色植物利用光能，把二氧化碳和水合成为贮存了能量的有机物，同时释放出氧气的过程。光合作用为人类提供了所有的食物和绝大部分的能源，每年通过光合作用将光能转化的能量约为人类年均消耗量的 50 倍。产氧光合作用的出现是“进化史上的大爆炸”，彻底改变了世界，产生了全新的光合辅酶因子生物合成途径及可调控的光合作用碳固定模式。

1953 年、1966 年人们陆续发现了植物光合碳代谢存在 C_3 和 C_4 途径后，又发现了一种介于这两者之间的中间代谢途径——景天酸代谢途径（CAM）。高等植物的三种光合碳同化途径分别表现为：① C_3 植物：它的初始光合产物是 3– 磷酸甘油酸（三碳化合物），因此，其 CO_2 固定途径称 C_3 途径（或 C_3 循环、卡尔文循环），代表植物包括水稻、棉花、大豆等大多数植物。② C_4 植物：具有独特的花环结构从而形成 CO_2 浓缩机制，极大地提高了光合效率。因其初始光合产物为草酰乙酸（四碳化合物），该 CO_2 固定途径称 C_4 途径，代表植物有甘蔗、玉米和高粱等。③景天酸代谢途径（CAM）：与 C_3 和 C_4 植物相反，这类植物的气孔在白天关闭，夜间开放。它的 CO_2 浓缩机制是由磷酸烯醇式丙酮酸羧化酶（PEPC）和核酮糖 -1，5- 二磷酸羧化 / 加氧酶（Rubisco）催化的羧化反应分别在昼夜进行，形成时间上的分离。同时，气孔白天关闭、夜间开放也极大地提高了水分利用效率。CAM 植物因夜间气孔打开固定 CO_2 的特殊方式，一直被认为是光合作用碳同化途径的少数形式，占高等植物的 6%~7%。

2.CAM 代谢途径的不同阶段 CAM 光合代谢途径的重要特征在于 CO_2 固定和同化这两个过程在时空上的分离。CAM 植物在夜晚以磷酸烯醇式丙酮酸（PEP）受体通过 PEPC 酶作用固定 CO_2，形成草酰乙酸（OAA），后又在苹果酸脱氢酶（MDH）作用下转化为苹果酸。然后苹果酸移转到液泡储存，造成液泡 H^+ 浓度上升；白天苹果酸脱羧，CO_2 通过 C_3 循环被 Rubisco 酶重新固定，细胞酸度下降。由于 CAM 植物的代谢具有明显的昼夜节律，人们根据它碳同化代谢反应过程中不同时间生理生化的差异将其分为四个阶段。第一阶段为夜间 PEPC 的羧化阶段。典型特征是夜间气孔张开，大气 CO_2 进入后在碳酸酐酶（CA）作用下形成碳酸根离子。碳酸根离子在 PEPC 酶羧化与 PEP 结合生成草酰乙酸，后者还原成苹果酸贮存于液泡。该过程 CO_2 的吸收速率并不是由气孔导度决定，而是由碳水化合物的羧化作用或受液泡苹果酸贮藏能力调节。同时白天贮存的碳水化合物在此期间不断形成羧化过程的受体 PEP。第一阶段集中反映了 CAM 途径对环境的适应性变化，是实现降低蒸腾、提高水分利用效率最关键的一步。第二阶段发生在夜间向白昼的过渡期间，CAM 植物由 PEPC 羧化转向 Rubisco 羧化。此阶段 Rubisco 和 PEPC 酶同时固定 CO_2，固定的 CO_2 由苹果酸脱羧释放和大气中吸收的 CO_2 这两部分组成。此时 CO_2 吸收出现一个高峰，C_4 途径与 C_3 途径同时进行，苹果酸积累中止。该阶段的基本特征是 PEPC 酶活性的下降和 Rubisco 酶激活。第三阶段为白天 Rubisco 同化 CO_2 阶段。此时气孔关闭，停止从外界吸收 CO_2，苹果酸大量从液泡转移至细胞质，氧化脱羧。脱羧释放的 CO_2 进入叶绿体进行 C_3 途径同化，造成此阶段胞间 CO_2 浓度比大气 CO_2 浓度高百倍。第四阶段是白天向夜间转变过渡时间，Rubisco 羧化转向由 PEPC 羧化。该阶段以苹果酸降至最低点为标志，脱羧作用减缓，胞间 CO_2 浓度降低，气孔开始张开，

CO_2 吸收增加，且由 C_3 途径过渡至 C_4 途径，从而又重复下一个昼夜变化周期。因此，对于 CAM 植物来说，叶片净 CO_2 吸收速率和苹果酸的积累具有密切相关性，且表现出特异的昼夜节律。

3.CAM 代谢途径环境适应性特点 CAM 植物对环境适应性最显著的优点是白天气孔关闭，减少蒸腾作用导致的水分损失，利于在干旱环境中生长。由于 CAM 植物的气孔仅在夜晚开放，此时气温较低且湿度较高，有利于维持较低的蒸腾速率。CAM 植物蒸腾作用比 C_3 低 3~10 倍，极大地提高了水分利用效率。与 C_3 或 C_4 植物相比，CAM 植物的水分消耗量与干物质生产量之比明显较小。根据实验室测定推测，每固定 1 g CO_2，C_3 植物需损失水 400~500 g，C_4 是 250~300 g，而 CAM 植物仅损失 50~100 g。对 CAM 植物仙人掌（*Opunitia ellisiiana*）连续多个生长季的长期田间试验实测发现，它每生产 1 g 干物质只需损失 162 g 水，水分消耗量明显比 C_3、C_4 植物少。通过 CAM 途径固定 CO_2 确保了在植物组织水分损失量最小的条件下碳获取的最大化，CAM 代谢途径使得一些植物能在干旱环境或间歇性降水时期得以生存。这种高效利用水分的优势使得 CAM 植物广泛分布于水分缺乏或间歇性降水的热带和新热带地区。除了极大地提高了水分利用效率，CAM 植物还能将活性氧（ROS）造成的伤害降至最低。

贫瘠的边缘地带或土壤退化地区的降水量或降水频率无法满足传统的 C_3 或 C_4 作物的生长需求，原来多被废弃，而 CAM 植物可在这些地区生长，既避免了与现有农作物争夺土地资源，又可充分利用原来的废弃土地。同时，在干旱和养分贫瘠的环境条件下，CAM 植物的生产率几乎达到最高。近年来，研究开始关注开发 CAM 植物作为可持续性生物能源原料。

4.CAM 代谢途径的不同表现形式 有专性 CAM、结构性 CAM、兼性 CAM、CAM 循环和 CAM 空转。专性 CAM 植物在夜间呈现有机酸累积的特点，即使在最适宜的环境条件下 CO_2 的固定也在夜间进行。结构性 CAM 植物是指那些随着生长发育而逐渐表现出 CAM 代谢的植物。兼性 CAM 植物，又称 C_3/CAM 植物，它在环境适宜条件下主要进行 C_3 途径代谢，当环境条件改变如干旱缺水、过度光照、光周期改变等时可以转变为以 CAM 途径为主。CAM 循环昼夜均可固定 CO_2、积累有机酸，夜晚气孔关闭时，PEPC 固定呼吸作用产生的 CO_2，阻止了暗期呼吸作用 CO_2 的损耗，它可能是 CAM 代谢途径进化的早期阶段。CAM 空转只有少量有机酸积累，气孔在白天和晚上全部关闭，有机酸形成所需的 CO_2 来自呼吸作用，它是强 CAM 的表现形式之一。

CAM 代谢途径的环境可塑性很强，兰科、番杏科、藤黄科、景天科、马齿苋科、葡萄科中的兼性 CAM 植物很好地诠释了这一点。兰科石斛属、番杏科日中花属和藤黄科书带木属等物种的兼性 CAM 植物在干旱胁迫、光周期、辐照度、温度、红蓝光、高盐度等环境因子条件下可诱导产生转变为以 CAM 途径为主进行光合碳同化。这些兼性 CAM 植物在环境条件适宜如水分充足时，主要利用 C_3 代谢途径来固定 CO_2，促进生长；当发生环境胁迫如季节性或间歇性缺水时，逐渐转变为以 CAM 代谢途径为主来固定 CO_2，以适应环境，得以生存。这种能在 C_3 和 CAM 代谢途径之间转变的植物，降低了水分消耗，在不适环境条件下保持了光合作用的完整性，最终获得繁殖上的成功。

二、蝴蝶兰的光合特性

CAM 植物包括 35 个科 343 个属，超过 16 000 种植物，占维管植物的 7%，广泛分布在干旱、半干旱地区，以及存在部分季节性或间歇性缺水或缺少 CO_2 的水生环境。由于热带附生环境普遍存在间歇性缺水，大部分热带附生类型的植物都可以进行 CAM 代谢。

早在 1998 年有研究者认为蝴蝶兰为专性 CAM 兰花，随后陆续被其他研究者印证。经过多年研究发现，蝴蝶兰的碳同化虽然为 CAM 途径，但其光合特性并不是完全按照其他 CAM 植物的节律，在蝴蝶兰原生种 *Phalaenopsis amabilis*（白花蝴蝶兰）的研究中发现，其夜间净 CO_2 吸收速率最大值的时刻点与温度和湿度紧密相关；而在蝴蝶兰杂交种‘Hercules’（赫拉克勒斯）的研究中也发现，净 CO_2 吸收速率的最大值受季节条件的影响。由此可知，蝴蝶兰光合及光化学效率与品种和环境条件紧密相关，在不同的人工栽培下蝴蝶兰的光合特性有显著差异。

在设施栽培条件下，蝴蝶兰的净 CO_2 吸收速率呈单峰型曲线，白天的净 CO_2 吸收速率较低，在 10:00~12:00 时甚至出现负值；晚间的净 CO_2 吸收速率较高，最大值出现在晚上 10:00 左右，达到 5.51 μ mol$CO_2 \cdot m^{-2} \cdot s^{-1}$，其中 18:00 到次日 6:00 为 CO_2 吸收的高峰阶段。CAM 植物在夜间吸收 CO_2，在 PEPC 的作用下形成有机酸大量积累于液泡中，白天有机酸脱羧产生大量 CO_2 进行光合产物的合成。因此，对于 CAM 植物来说，叶片净 CO_2 吸收速率和可滴定酸的积累具有密切相关性，可滴定酸含量可作为其光合性能的另一种表现形式。蝴蝶兰叶片的可滴定酸的日变化与净 CO_2 吸收速率相似，也表现为单峰曲线：在 8:00 ~ 18:00 时间内持续下降，随后逐渐上升，在 6:00 ~ 8:00 时达到最高峰。在凌晨 2:00 到黎明前虽然植株净 CO_2 吸收速率下降，但可滴定酸含量呈现持续增加的趋势，表明与植株净 CO_2 吸收速率相比，可滴定酸含量具有累积的效应（图 1.3.1）。总的来说，蝴蝶兰叶片净 CO_2 吸收速率和可滴定酸的日变化表现为典型的 CAM 植物特性。

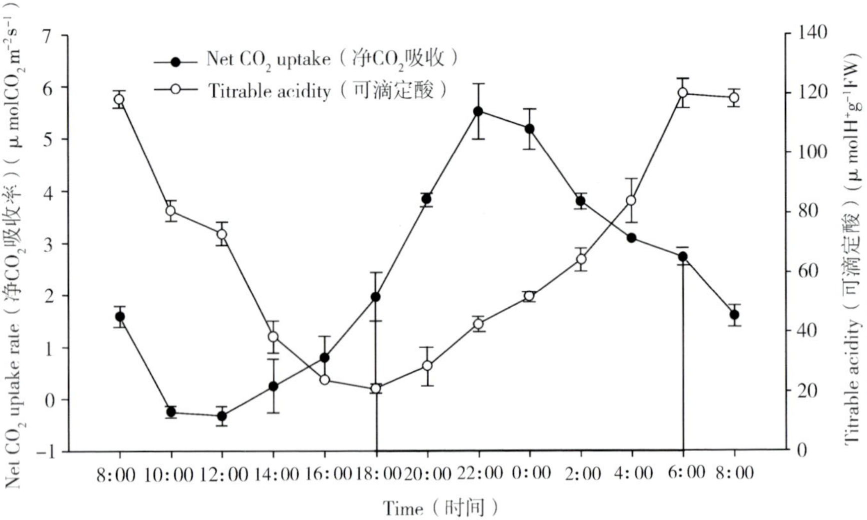

图 1.3.1　蝴蝶兰“内山姑娘”净 CO_2 吸收速率和可滴定酸的昼夜变化

三、蝴蝶兰光合特性与栽培

蝴蝶兰的开花时间和开花品质是影响其商品价值的重要因素，蝴蝶兰也与大部分植物一样，需要经过一段时间的营养生长，才能接受环境刺激抽出花序轴而开花。蝴蝶兰是否已度过营养期与叶面积呈高度正相关，叶面积越大，抽出花序轴率越高，开花品质也越佳。但蝴蝶兰对环境条件比较敏感，高品质蝴蝶兰生产必须要求设施栽培，相对封闭的室内环境使 CO_2 浓度远不能满足蝴蝶兰生长发育的需求。因此，针对蝴蝶兰的这些特性，在蝴蝶兰栽培过程中施以 CO_2 加富技术，对蝴蝶兰的生产将具有重要的理论意义和应用价值。

通过近些年的研究发现，CO_2 加富对蝴蝶兰的生长和品质的提高有较好的促进作用。有报道表明，在 25 ℃ /20 ℃条件下，蝴蝶兰 CO_2 的饱和点为 700×10^{-6}~$1\,400\times10^{-6}$。在 CO_2 浓度为 700 和 1 000 μmol/mol 的条件下，蝴蝶兰的光合能力增强，光合产物的积累增加，植株的干重分别增加 19% 和 64%；蝴蝶兰的花序轴和花朵数量增加，切花中的有机酸和糖含量增加，pH 值降低，切花的瓶插寿命分别延长 10 d 和 28 d。而且，在 20 ℃的条件下，700 μmol/mol 的 CO_2 浓度会促进蝴蝶兰花序轴的出现。CO_2 加富增加了蝴蝶兰组培苗的叶绿素含量，使 Rubisco 活性增加了 26.4%，从而形成了完整的光合机制，最终提高了组培苗移栽后的成活率。

由于蝴蝶兰 CAM 光合途径的特性，以蝴蝶兰栽培种“内山姑娘”为试验材料，探讨 CO_2 加富 [400 μmol/mol，800 μmol/mol ± 50 μmol/mol（时间为每天 18:00 至次日 6:00）] 和氮水平（6mmol/L，12mmol/L）对蝴蝶兰的光合作用及生长发育有显著的影响。试验共有以下 4 个处理：

LA：大气 CO_2 浓度（400 μmol/mol ± 30 μmol/mol）+ 正常氮水平 (6 mmol/L)

HA：大气 CO_2 浓度（400 μmol/mol ± 30 μmol/mol）+ 两倍正常氮水平 (12 mmol/L)

LE：加富 CO_2 浓度（800 μmol/mol ± 50 μmol/mol）+ 正常氮水平（6 mmol/L）

HE：加富 CO_2 浓度（800 μmol/mol ± 50 μmol/mol）+ 两倍正常氮水平（12 mmol/L）

经过研究发现，CO_2 加富与氮水平对蝴蝶兰的生长发育具有显著的促进作用：

（1）光合方面：CO_2 加富显著提高了蝴蝶兰夜间的 CO_2 吸收速率和可滴定酸的积累，在整个试验期间 LE 和 HE 分别平均增加了 71%、82% 和 28%、35%；而且在试验末期，HE 显著大于 LE。同时，CO_2 加富促进了蝴蝶兰叶片光合电子传递，LE 和 HE 的光合量子产额分别增加 12% 和 14%（240 d），但降低了非光化学淬灭。

（2）生理生化：CO_2 加富显著促进了蝴蝶兰叶片中可溶性糖和淀粉含量的积累，但随着试验处理时间的延长，LE 的促进作用有所降低，HE 则缓解了这一现象；CO_2 加富对蝴蝶兰叶片中叶绿素、蛋白质和氮含量的影响因氮水平的不同而有所差异，随着试验的进行，LE 蝴蝶兰叶片中叶绿素、蛋白质和氮含量有所下降，而 HE 则没有显著变化。

（3）光合酶系统：CO_2 与氮互作显著增加了蝴蝶兰叶片 Rubisco（核酮糖 -1，5- 二磷酸羧化酶 / 加氧酶）、PEPcase（磷酸烯醇式丙酮酸羧化酶）和 PPDK（丙酮酸磷二激酶）活性，在试验末期（240 d），HE 比 LE 分别增加 27%、18% 和 13%，但是降低了 GO 活性。

（4）叶片结构：CO_2 加富增加了蝴蝶兰叶片的厚度，LE 和 HE 分别增加了 6% 和 8%；超微结构的观察表明，CO_2 加富增加了叶绿体内淀粉粒的个数，LE 和 HE 都增加了 60%，从而使 LE 和 HE 叶绿体的面积分别增加 19% 和 11%。

（5）生长：CO_2 加富促进了蝴蝶兰的生长，但不同氮水平有显著差异，在试验 240 d，LE 的干重比 LA 增加 20%，HE 的干重比 HA 增加 31%。同时，蝴蝶兰相对生长叶面积和根冠比在 CO_2 加富条件下也显著增加，LE 和 HE 的相对生长叶面积分别增加 13% 和 21%，根冠比分别增加 39% 和 19%；但是 CO_2 加富降低了蝴蝶兰的比叶面积，LE 和 HE 的比叶面积分别比对照低 11% 和 10%（图 1.3.2）。在整个试验过程中，氮水平对蝴蝶兰生长的影响不大。

（6）花：CO_2 加富提前了蝴蝶兰的花期，LE 和 HE 分别比对照

图 1.3.2　CO_2 加富与氮水平下蝴蝶兰“内山姑娘”的形态表现
A.0 d　B.120 d　C.240 d

提前 8.4 d 和 4 d；同时，CO_2 加富增加了蝴蝶兰的花朵数目，增大了花朵，增粗了花梗粗度，增加了花朵花色素苷含量的积累，显著提高了蝴蝶兰的观赏品质。其中，CO_2 加富显著增加了蝴蝶兰花朵的数目，LE 和 HE 分别比对照增加 43% 和 66%；LE 和 HE 花朵横径都比对照增加 6%，其中 HE 花朵的纵横径分别达到 9.49 cm ± 0.31 cm 和 11.14 cm ± 0.38 cm（图 1.3.3）。另外，CO_2 加富显著促进了花序轴的发育，

LE 和 HE 花序轴的粗度分别增加 7% 和 18%；花序长分别增加 9% 和 31%，但花序轴的长度缩短了 11% 和 10%。但是，氮素水平对蝴蝶兰开花品质的影响较小。

图 1.3.3　CO_2 加富与氮水平下蝴蝶兰“内山姑娘”的花朵发育状况

总之，应用 CO_2 加富技术对提高蝴蝶兰的生长和发育具有很好的促进作用，该研究不但为蝴蝶兰的生产探索了一种具有重要经济意义的提高品质的方法，也为蝴蝶兰观赏品质的提高提供了一种新的栽培方法，对蝴蝶兰工厂化生产具有重要意义。

第四章 蝴蝶兰产业的发展现状与展望

人工栽培蝴蝶兰已有一百多年的历史，但由于蝴蝶兰属于单茎性兰花，只有一个生长点，又不易通过分株来繁殖，在自然条件下，种子很难发芽，所以，蝴蝶兰显得弥足珍贵。随着蝴蝶兰组培技术的攻克，工厂化生产蝴蝶兰才成为可能。

一、蝴蝶兰产业发展现状

20 世纪 80 年代初，中国花卉产业伴随着改革开放悄然兴起。经过 30 多年的发展，花卉产业已成为我国国民经济发展的一个新兴产业。被誉为“兰中皇后”的蝴蝶兰逐渐进入人们的视野，因其花型奇特、花色艳丽、花期较长，深受消费者青睐，继而形成了蝴蝶兰产业。又因其独具特色、科技含量高且具有很高的经济效益而被行内人士称为“农业中的 IT 产业”。特别是经过近几年的发展，我国由蝴蝶兰输入国变为生产输出大国，从北部新疆、内蒙古到南端的海南岛都有蝴蝶兰生产基地。目前，我国的蝴蝶兰产业呈现出快速化、标准化、规模化的发展态势，发展前景可观，但如何继续开发新的品种和开拓新的市场，使蝴蝶兰产业能健康、稳定、协调地发展，是国内业内同行共同的任务和奋斗目标。

1. 蝴蝶兰的消费定位 蝴蝶兰原产于我国台湾及东南亚一些国家，20 多年来台湾蝴蝶兰产业迅速发展，已成为国际蝴蝶兰市场的龙头，其蝴蝶兰主要销往欧美国家。在欧美国家和台湾地区，蝴蝶兰的消费主要是日常家居盆花和婚礼用花等。不同地区盆花消费和婚礼用花的方式和习俗不同，家居消费盆花色系、株型等变化较多，婚礼用花基本以纯色为主。其中，婚礼盛行用蝴蝶兰作为主要用花种类，花色以白色和紫色为主（图 1.4.1），用于装饰婚礼现场、花车、胸花和捧花等。

图 1.4.1 蝴蝶兰婚礼用花

我国大陆日常家居盆花消费量比较小，种类和品种比较杂，蝴蝶兰的消费主要是礼品花，红色花占市场消费量的 80% 以上，而且主要是年宵花（图 1.4.2）。

图 1.4.2 年宵花蝴蝶兰

2. 国内市场家庭消费不可小视 国内蝴蝶兰的导入期是 20 世纪 90 年代末。蝴蝶兰作为一种高档花卉由台湾引进大陆，迅速成为市场上的宠儿，当时一株蝴蝶兰的售价高达一两百元，此后蝴蝶兰产业得到迅速发展。据估计，随着国内人均收入的不断提高，交通运输条件的不断改善，大陆蝴蝶兰市场的容量能达 5 000 万株。而到 2013 年，大陆蝴蝶兰上市总量约为 3 000 万株，比 2012 年增加 300 万株左右。蝴蝶兰是高档花卉，养护得好，花期可达 3 个月。随着经济的发展，购买蝴蝶兰定会成为一种大众消费行为，再加上各种渠道的消费引导，蝴蝶兰家庭消费数量不可小视。

消费者对迷你蝴蝶兰的热情让生产者看到了新的市场增长点。随着人们对蝴蝶兰欣赏水平的逐步提高以及个人消费比例的增长，蝴蝶兰消费必然向多色彩、多规格发展，红色大花型独领风骚的局面很快将会改变。迷你品种每年在售时间长达七八个月，体量小巧，颜色、花色丰富，部分优秀品种的花期能达 2 个多月，适合在办公室和家庭各个区域摆放（图 1.4.3），此外‘满天红’、‘小红帽’等多分枝品种也颇受消费者欢迎（图 1.4.4）。目前，不少生产商在制订生产计划时，都将迷你蝴蝶兰和大花型蝴蝶兰按比例生产。日常消费市场中迷你蝴蝶兰份额已从几年前的 1% ～ 2% 增长到了 30% 左右，在年宵市场上的占有率约为 15%，虽然增幅不大，但上升势头明显。经销商也十分看好迷你蝴蝶兰的市场前景。

图 1.4.3　迷你蝴蝶兰

图 1.4.4　迷你蝴蝶兰‘满天红’与‘小红帽’

3. 国际市场快速增长

（1）美国市场蝴蝶兰销量仅次于一品红。美国市场每年的蝴蝶兰消费量约为 1 800 万盆，品种越大越好，不但要求蝴蝶兰的植株大，而且盆器也要大，市场上比较受欢迎的盆径是 15~21 cm。同时，蝴蝶兰植株花序轴越高、分枝越多、花朵数越多，产品售价也就越高。对于花色，美国主要以白色花品种为主，占美国市场需求的 55% ~ 80%，尤其是每花序轴开花 9 朵以上、花径在 11 cm 以上的产品更好销售。除白色花外，紫红、粉红花品种占市场需求的 10% ~ 20%，但白花红心品种的市场需求仅占 5%左右。未来美国蝴蝶兰品种需求，大型花如大黄花、大朵黄花红心以及大朵白花黑斑品种均会有一定市场，普通的中型花、小型花的市场需求不是很大，但双花序轴、花朵繁多、花色丰富的中型花品种在美国比较受欢迎（图 1.4.5），小型品种中的白色、粉色花品种也有一定的销量。

以前蝴蝶兰种苗出口到美国要求裸根，运过去要缓苗 1 ~ 2 个月，育成率在 50% ~ 70%，损耗很大，导致美国市场蝴蝶兰生产成本居高不下，市场无法快速成长。自从 2005 年台湾成为全世界唯一一个被允许蝴蝶兰种苗带水苔进入美国市场的地区后，作为世界上最大的蝴蝶兰种苗产区之一，台湾的蝴蝶兰种苗经 18 d 海运到美国东海岸港口，马上就能进行降温催花，省去了缓苗的过程，而且损耗低。于是从 2014 年开始，美国蝴蝶兰种苗市场的需求量开始增大，目前仍供不应求。而台湾和大陆蝴蝶兰生产企业已经连为一体，这对于大陆蝴蝶兰的销量有很大的促进作用。

图 1.4.5　双梗蝴蝶兰

（2）日韩市场呈两极分化。以前韩国的主要供苗商在台湾，每年从台湾进口 3.5 寸 * 蝴蝶兰大苗 1 000 万株。从 2005 年起，台湾出口美国的 3.5 寸蝴蝶兰大苗可以带水苔入境，价格约 30 元 / 株，而出口同品质的 3.5 寸蝴蝶兰大苗到韩国的价格是 15 ～ 18 元 / 株，因此台湾的大苗大量进入美国市场，以致韩国市场严重缺货，这对于大陆蝴蝶兰企业是很好的机遇。

日本蝴蝶兰消费市场明显呈两极化，分为礼品花和家庭消费两个市场，年市场销量在3 000 万盆左右，其中礼品花市场以大型白花品种为主，约占市场需求的80%，白花红心品种占5%，大朵粉红花品种占10%，大朵黄花品种等占5%左右。家庭消费市场以中花及小花型品种为主，花色要求也更为广泛，原则上以白花红心、淡红、淡粉红、黄花红心、黄花系品种等淡色花为主。日本盆花销售形式主要以组合盆栽为主，以3 ～ 5株一盆的形式销售。由于前几年日本经济不景气，日

* 寸为非法定计量单位，1 寸 ≈ 3.33cm。

本花商对销售进行调节。他们采取压低价格、提高产量的手段，扩大了消费市场。过去大花蝴蝶兰3万日元/株，现在1 500~2 000日元/株，这对蝴蝶兰种苗的出口也起到了积极的推动作用。

（3）欧洲市场年增速在两位数以上。近几年，欧洲蝴蝶兰消费市场每年以 15% ~ 20%的速度增长，目前每年约有 5 000 万盆的消费量，可以说是全球最大的蝴蝶兰消费地。市场流行品种朝着多花多轴的中型花方向发展。

（4）荷兰蝴蝶兰产业崛起。大陆蝴蝶兰销售尤其是种苗销售主要以外销为主，内销市场并不是萧条萎缩，而是停顿于一定的规模，很难再扩大。一个以外销为主的产业，势必要与国际花卉产业接轨。在此过程中，大陆与蝴蝶兰产业发达的台湾彼此成为竞争对手，目前竞争的主要地区在欧洲，未来的竞争市场有可能是美国。近几年，荷兰蝴蝶兰产业发展迅速，已成为主宰国际蝴蝶兰市场的国家。荷兰正利用数十年的花卉产业基础，开始支配影响全球的蝴蝶兰产业。

二、我国蝴蝶兰产业的发展现状

1. 我国蝴蝶兰产业总体水平显著提升　蝴蝶兰产业具有现代化农业的显著特征，受到各级政府在资金、土地和设备等方面的大力支持和配合。2004 ~ 2005 年，我国蝴蝶兰产业经过第一次产业调整，向专业化、区域化和规模化方向发展。由于受 2007 ~ 2009 年全球金融危机的影响，并随着国际上荷兰等国家蝴蝶兰产业的调整，我国蝴蝶兰产业经过了又一次调整，加快区域化布局是其调整的重要内容。目前我国蝴蝶兰的生产范围已相当广泛，从南到北，从东到西，以经济强省为主，以发达城市为依托，蝴蝶兰产业在国内得到了迅速发展。各产业区域均充分利用其产业优势，比如区位优势、气候优势和当地政府的政策优势等，不断扩大规模，提高了种苗和成品花的产量和质量，从而不断提高蝴蝶兰的综合产值，促进了我国蝴蝶兰产业的稳健发展。

2. 我国蝴蝶兰的品种状况　20 世纪 90 年代末，蝴蝶兰作为一款高档花卉从我国台湾地区引进大陆，凭借其花色艳丽、花姿优美、开花期长等特点迅速成为国内年宵和集团花卉消费群体眼中的宠儿。其中传统大花类蝴蝶兰由于花大色艳，非常符合中国民众的传统审美，在花卉市场上备受花卉爱好者的欢迎。又因其艳丽的花色、丰满大气的花型十分符合中国传统节日的喜庆、团圆、圆满等美好祈愿，所以在年宵花卉中始终占据较大的市场份额。而珍奇类、斑点类和多花类蝴蝶兰则因其多元性而越来越受年轻人的欢迎。

3.“会议停摆”对我国蝴蝶兰产业市场的影响现状　我国市场花卉消费的一大特点是节日消费，尤以蝴蝶兰为甚，造成这种需求节日化局面的主要原因不是消费文化，而是购买力。目前蝴蝶兰在发达国家已成为上流社会的日用品，其生产消费模式是常年催花、常年消费，而我国，蝴蝶兰还主要是一种高档年宵礼品花卉。2012年底，中央关于改进工作作风的“八项规定”发布后，政府部门开会不摆花成为一种新会风，因“会议停摆”规定，2012年底以来全国各大中城市花卉消费锐减，当然更冲击着以年宵礼品、集团消费为主的蝴蝶兰市场。

蝴蝶兰本应是大众消费品，但由于多年来公款消费出手阔绰、集团购买力强劲等优势，使得众多蝴蝶兰企业青睐这一销售渠道，而对大众消费者冷眼相待。所以说，蝴蝶兰产业的发展存在着“跑偏”的倾向。然而，从某种意义上说，“会议停摆”带给蝴蝶兰产业的冲击也是一件好事，这能让很多企业下决心调整生产布局。一是对品种结构进行调整，既生产高档花卉满足“小众”消费需求，也生产中低端花卉满足“大众”消费需求。同时，多开发新品种，在保证产品质量的前提下，实施低成本、微利多销战略，生产出能让普通消费者买得起的产品。二是对生产周期进行调整，不再紧盯年宵市场，实现蝴蝶兰周年生产。

4. 我国蝴蝶兰出口现状　蝴蝶兰具有较高的观赏价值，由于其花朵富丽，深受欧美国家消费者的喜爱。在日本，蝴蝶兰需求量稳居盆花销售的榜首，而在美国也仅次于一品红并有逐年上升的趋势。从2015 年《中国介质兰花输往美国工作计划》的签订开始，经过两年的技术准备，2017 年 6 月 21 日广东顺德区陈村花卉企业培植的 1 万株带介质的蝴蝶兰正式启运美国，这标志着我国蝴蝶兰在动植物检疫最为严格的美国正式打开了市场。我国台湾地区蝴蝶兰大批量进军美国以后，大陆蝴蝶兰顺势进入韩国。而日本花商通过降低价格提高产量来扩大消费市场的行为也为我国蝴蝶兰的出口提供了便利。同时作为蝴蝶兰最大的消费地，欧洲的蝴蝶兰消费量以每年15%～20%的速度增长。由此可见，我国蝴蝶兰出口前景看好。

5.国内蝴蝶兰需求现状　根据农业部统计数据对近年来蝴蝶兰的产销情况进行分析，发现2013年蝴蝶兰产业发生较大变化，造成这种现象的原因主要有两点：一方面是产量急剧膨胀，市场却没有完全打开。2010~2013年，蝴蝶兰种植面积和销量迅速上升，2013年蝴蝶兰种植面积达到了672 hm^2。另一方面是2012年底中央出台“八项规定”后，政府部门和集团消费同时缩减大盆花卉需求量。蝴蝶兰产量上升、市场容量降低，许多经销商为了回笼资金选择低价抛售，导致2013年蝴蝶兰平均售价仅为6.1元/株，进而导致了2014年蝴蝶兰种植面积下降，销量极度缩水。2015年蝴蝶兰种植面积有轻微扩大现象，市场开始回温，售价增长到15.2元/株。中国花卉协会整理汇编的《2017全国花卉产销形势分析报告》中的数据显示，2016年，蝴蝶兰作为大宗盆花中的明星花卉，产销数量均有所增加，特别是2017年年宵期间，由于杂色花品种栽培数量上升，生产厂家降低了红花蝴蝶兰的培育数量，红花蝴蝶兰开始供不应求，价格上涨。

三、我国蝴蝶兰产业现存问题

1. 国内市场混乱，国际市场竞争压力大　国内许多蝴蝶兰从业者缺乏专业的育种栽培技能，一味追求利润，忽视产品质量。育成的种苗质量欠佳，只能选择以价格战的形式来争夺市场。恶性的市场竞争导致了蝴蝶兰市场的混乱，高质量的蝴蝶兰种苗由于培育成本高，在价格战中难以占据优势，从业者培育高品质种苗的积极性降低。同时与竞争对手我国台湾地区相比较，大陆蝴蝶兰出口缺少计划性，大多是企业自发行为，在国际市场上竞争力相对较弱。但近年来大陆蝴蝶兰与台湾蝴蝶兰趋向一体化，相对竞争压力减小。不过有“欧洲花园”之称的荷兰近年来蝴蝶兰产业发展迅速，凭借其几十年的花卉产业基础迅速跻身蝴蝶兰产业强国行列，目前在国际市场上占有举足轻重的地位。

2. 市场品种单一，病毒难以控制 中国蝴蝶兰定位主要是年宵花卉，而传统节日中国人更倾向于大花类蝴蝶兰，所以蝴蝶兰生产商和销售者也偏爱大花类蝴蝶兰。虽然目前珍奇类和多花类蝴蝶兰生产比例有所增加，但依旧难以满足市场需求，单一的市场品种降低了人们的购买欲望,对蝴蝶兰国内市场的进一步扩大造成阻碍。出口外销方面，由于早期市场管理问题，蝴蝶兰病毒在中国蝴蝶兰产业中比较普遍。其中齿舌兰轮斑病毒（ORSV）及建兰花叶病毒（CyMV），是危害蝴蝶兰植株最为普遍的两种病毒。

就目前来看，植株一旦被侵染就无法根治，而且 CYMV 病毒感染后茎尖脱毒困难，ORSV 病毒虽然茎尖脱毒效果较好，但脱毒后也很容易再度感染。现在又发现有部分蝴蝶兰被一种“新型台湾病毒”感染，而此种病毒早期还无法检测到。对于这些病毒在短时间内不太可能解决，这样，就必然对出口蝴蝶兰造成严重的影响。

3. 环保政策加强，温室栽培寒冬难过 蝴蝶兰属于喜暖畏寒植物。一旦温度低于 15℃就会引起小苗病害，低于 10℃则导致植株停止生长，低于 5℃植株极易出现死亡。所以，对于中国大部分蝴蝶兰生产区来说，冬季温室加温成为主要任务。但随着中国环保部《国家环境保护“十三五”科技发展规划纲要》的提出，作为中国环保的重点工作，节能减排势在必行。这就给许多冬季依靠煤炭给蝴蝶兰温室加温的企业和科研单位提出了新的挑战。温室不能正常运转，导致蝴蝶兰种苗大批量受冻害甚至冻死，企业减产，平均生产成本增加。如何寻找费用低同时能够有效实现温室加温的替代能源成了这些蝴蝶兰生产企业的当务之急。

4.劳动力资源减少，生产成本增加 随着社会的发展，越来越多的农村劳动力向城市转移，城市劳动力大增。但是相对于城市中许多工作而言，大多涉农企业工作地点在郊区，工作量大，工作内容枯燥，招人困难。同时，年轻劳动力觉得做农业又脏又苦又累，拒绝从事农业相关工作。为了满足生产需要，从业者不得不以高工资来招揽劳动力，从而增加了蝴蝶兰的生产成本。

四、我国蝴蝶兰产业发展展望

根据近年来中国花卉行业的发展，不难发现，未来的花卉市场，平民化、家庭化将是花卉消费的趋势。根据国内外市场需求，蝴蝶兰产业从业者也应相应地做出调整，这样才不至于被市场淘汰。

1. 强化市场管理，加强信息交流 国内蝴蝶兰市场的混乱主要是由以下几个原因造成：首先是市场监管不力，产业准入门槛低，许多从业者缺乏规范生产的技术和设施，靠低价抢占市场；其次是信息流通率低，行业产销信息传播较慢，许多小企业盲目生产；最后，政策调整后市场收缩，货品积压，各生产商盲目抛货，价格战频发。针对这一现象，应加强市场管理，提高产业准入门槛，建立专门的监管部门及时发布产业信息，同时各大中企业、相关协会积极交流相关信息，科研部门也应大力进行技术宣传和指导，提高从业者素质。

2.注重品种多元化，积极培育高抗品种 当今消费者的审美观越来越多元化。迷你蝴蝶兰因体积小、花期长，适合办公室以及小户型家居摆放而受到许多年轻工作者的追捧，斑点蝴蝶兰也因其花色奇特而越来越受到大家的喜爱。随着人们生活水平以及花卉欣赏水平的提高，以红花为主导的市场格局必将被打破，多色彩、多规格将成为蝴蝶兰市场的发展趋势。作为以观花为主的盆花植物，蝴蝶兰抗寒性低，家庭栽培中很难再次开花，具有一次性消费的特点。对此，育种工作者应积极培育和发现抗性强、易催花的蝴蝶兰新品种，从而使大面积家庭莳养成为可能。

3. 提高种苗质量，培育自主知识产权品种 严格把关，提高种苗质量；企业自律，避免盲目扩繁。目前，国内做蝴蝶兰组培的企业有上百家，但种苗的品质却不稳定，主要存在变异率高、种苗成活率低、发病率高等问题。除技术因素外，还有许多组培公司为了利润而不注重品质的问题。提升蝴蝶兰种苗品质，不仅是企业的发展导向，也与整个产业发展息息相关。因此，要充分发挥行业组织或管理机构的监管作用，同时也要求企业自律，以避免价格低廉的劣质种苗流向市场，扰乱市场秩序。

转变主体，制定育种目标；品种测试，进行专利保护。目前育种主要依靠科研院校，要使有条件的大企业转变为育种的主体。有研发实力的企业要与科研单位联手，整合资源，针对不同目标市场，培育出有自主知识产权的品种。由于不同区域、不同季节会影响蝴蝶兰品种的特性表现，因此种苗生产商要针对不同区域和季节，进行新品种测试，严格筛选适应性强的品种，并进行推广试验。在开发新品种的同时，还须注重品种保护权，逐步完善品种保护机制，加强对新品种的保护。

4. 做好产业调整，加强消费引导　随着国民经济的发展，家庭园艺消费比例越来越高。针对这一消费趋势，从种苗生产者到销售商要及时转换销售思想，既要培育销售质优价高的高档蝴蝶兰品种，也应学会薄利多销，加大小株、适合消费者日常消费种植的中低档蝴蝶兰品种的繁育和销售，积极开发普通消费者市场。在开拓国内新型市场中，要努力转变消费者的消费观念，即由原来年宵高档礼品花为主，转变为以大众消费为主和日常消费为主。同时不断培育出多品质、多花色、多花型的新型品种。针对日常消费市场，可考虑以下 4 个方向：一是酒店、咖啡厅、会所等休闲娱乐场所的用花需求；二是瞄准年轻白领的多花色、中小花型的蝴蝶兰市场，配合精致的盆器包装，并利用年轻人喜好星座的特点，进行星座蝴蝶兰营销；三是要开拓白花蝴蝶兰在婚礼和葬礼上的应用；四是其他日常生活中的应用，如乔迁、探病、谢师、访友、生日宴、客户答谢宴等。只要能体现相应的产品特色，展现文化潮流，就能开拓出日常消费市场。

5. 节本高效栽培技术研究集成及应用　目前，许多国家蝴蝶兰准入均有较为严格的病虫害检疫控制，而我国蝴蝶兰产业发展前期恰恰忽视了这一块的管控。我国蝴蝶兰已经敲开了介质种苗进入美国市场的大门，积极研究推广高效实用的病毒检测系统已成当务之急，可以借鉴我国台湾地区病毒检测技术，结合国内蝴蝶兰产业特点研发出适合推广的蝴蝶兰病虫害监测技术和无病虫害生产技术标准。苗木的健康成长离不开适宜的生长环境，温室如何加温是目前亟须解决的问题之一。许多文献中提到煤改电以及太阳能加温技术等，但在实际应用中，煤改电由于成本过高，推广效果并不理想，而据研究太阳能加温系统仅能提升地温2℃左右，很难将温度提升到蝴蝶兰栽培所需要的温度。

因此，加大温室加温系统研发力度是当务之急。此外，加强蝴蝶兰产业的机械化、集约化生产能够有效提高生产力。在我国台湾地区，蝴蝶兰企业大到温室管控、灌溉施肥，小到组培苗培养基的配制、分装以及育苗瓶的清洗、灭菌等均已实现了机械化生产，这就在很大程度上解放了人力，提高了生产效率。国内部分大企业也已经实现了蝴蝶兰栽培的机械化，国家可以对此进行政策扶持，通过补贴等手段来支持中小企业蝴蝶兰种植大型操作仪器的购买，从而实现产业的机械化、集约化。

第二篇 蝴蝶兰新品种选育

第一章　蝴蝶兰的分类及原生种

一、蝴蝶兰的分类

蝴蝶兰的分类始于1860年，莱克茵巴克（F. Reichenbach）以唇瓣中裂片有无卷须的特征，简单将其分为2群11个种。随后又出现Rolfe系统（1886）和Pfitzer系统（1889）。但对蝴蝶兰属进行较为全面的分类是在1980年，史威特（H. R. Sweet）依花瓣及萼瓣特征，将其分为9族47种。蝴蝶兰种质资源丰富，仅凭形态学特征给予分类，易受主观因素如生长环境、发育阶段和视觉偏差等的影响，结果精确性较低。随着分子生物学的发展，DNA扩增指纹技术（DAF）等分子标记技术应用于蝴蝶兰分类，从分子水平上对其种的起源与系统进化提供了新的证据。基于分子研究结果，2001年Christenson（克里斯滕松）重新对蝴蝶兰原生种进行了分类，分为5个亚属63个种，其中有19个原生种常用于蝴蝶兰的新品种培育中。

二、根据花朵颜色分类

蝴蝶兰花朵颜色非常丰富，根据其花朵颜色可以分为深红、黄色、粉色、白色、紫色和蓝色等（图2.1.1）。

蝴蝶兰因花序上着生的花朵数目较多，因此花期一般较长。有些品种蝴蝶兰花朵的颜色随着开放时间的延长而发生变化，一般黄色系的蝴蝶兰花朵易出现褪色，由初开放时的黄色褪为白色（图2.1.2）。

图 2.1.1　蝴蝶兰花朵的主要色系

图 2.1.2　蝴蝶兰花朵褪色现象

三、根据花朵直径分类

根据蝴蝶兰的花朵直径可以将蝴蝶兰分为大花型、中花型和小花型。花径在 10 cm 以上的称为大花型蝴蝶兰，代表品种有白花‘V3’；花径在 7.5 ~10 cm 之间的称为中花型蝴蝶兰，代表品种有‘大辣椒’‘聚宝红玫瑰’‘内山姑娘’‘富乐夕阳’等；花径在 7.5 cm 以下的称为小花型蝴蝶兰，代表品种有‘水晶’‘满天红’‘小男孩’‘小梅花’等（图 2.1.3—图 2.1.5）。

图 2.1.3 蝴蝶兰‘V3’

图 2.1.4 蝴蝶兰‘大辣椒’

图 2.1.5 蝴蝶兰‘水晶’

四、根据花朵数目分类

生产上，对于大花型和中花型蝴蝶兰品种，经常根据蝴蝶兰每枝花序上的花朵数对蝴蝶兰进行等级的划分，蝴蝶兰每枝花序上的花朵数十朵及以上称为特级；花朵数 8 ~ 9 朵称为 A 级；花朵数 6 ~ 7 朵称为 B 级；花朵数 5 朵及以下称为 C 级。随着蝴蝶兰产业的发展，蝴蝶兰的种植技术和品种不断改善，目前，市场上常见的蝴蝶兰都达到了特级和 A 级，只有少数的 B 级，C 级基本很少见了。但是，这种分级方式并不适用于小花型蝴蝶兰品种。

图 2.1.6　蝴蝶兰等级

五、蝴蝶兰原生种的分类

蝴蝶兰属典型种 *Phalaenopsis amabilis* 在 1825 年由荷兰植物学家布鲁姆博士（Dr. C. L. Blume）发现，此后陆续发现了 70 多个蝴蝶兰原生种。Christenson 将蝴蝶兰属原生种分为长吻蝴蝶兰亚属（*Subgenus Proboscidioides*）、落叶蝴蝶兰亚属（*Subgenus Aphyllae*）、柏氏蝴蝶兰亚属（*Subgenus Parishianae*）、多唇蝴蝶兰亚属（*Subgenus Polychilos*）和蝴蝶兰亚属（*Subgenus Phalaenopsis*）5 个亚属，并将尖囊兰属（*Kingidium*）的 4 个种和五唇兰属（*Doritis*，又称朵丽兰属）的 3 个种归并入蝴蝶兰属。2012 年 12 月英国皇家园艺学会正式接受，并在国际兰花品种登录中将尖囊兰属和五唇兰属的杂交种及其与蝴蝶兰属的属间杂交种一起归并为蝴蝶兰属（*Phalaenopsis*）。

经过归并后的蝴蝶兰原生种为 63 个。其中，长吻蝴蝶兰亚属只有 1 个种，即劳氏蝴蝶兰（*Phalaenopsis lowii*）。落叶蝴蝶兰亚属包括华西蝴蝶兰（*Phalaenopsis wilsonii*，将海南蝴蝶兰 *Phalaenopsis hainanensis* 并入）、红河蝴蝶兰（*Phalaenopsis honghenensis*）、滇西蝴蝶兰（*Phalaenopsis stobartiana*)、缅甸蝴蝶兰(*Phalaenopsis natmataungensis*)、尖囊蝴蝶兰(*Phalaenopsis braceana=Kingidiumbraceana*)、小蝴蝶兰(*Phalaenopsis minus=Phalaenopsis finleyi=Kingidum minus*)和小尖囊蝴蝶兰(*Phalaenopsis taenialis=Kingidum.taenialis*)等7个种。柏氏蝴蝶兰亚属包括柏氏蝴蝶兰(*Phalaenopsis parishii*)、胼胝蝴蝶兰(*Phalaenopsis appendiculata*)、囊唇蝴蝶兰(*Phalaenopsis gibbosa*)、罗比蝴蝶兰(*Phalaenopsis lobbii*)、麻栗坡蝴蝶兰(*Phalaenopsis malipoensis*)和泰国蝴蝶兰(*Phalaenopsis thailandica*)等6个种。

蝴蝶兰亚属分为4组16种，包括蝴蝶兰组(Section Phalaenopsis)、金氏小蝶兰组(Section Deliciosae)、朵丽兰组(Section Esmeralda)和船舌蝴蝶兰组(Section Stauroglottis)。蝴蝶兰组有白花蝴蝶兰(*Phalaenopsis amabilis*)、菲律宾白花蝴蝶兰(*Phalaenopsis aphrodite*)、菲律宾蝴蝶兰(*Phalaenopsis philippinensis*)、桑德利亚蝴蝶兰(*Phalaenopsis sanderiana*)、薛丽蝴蝶兰(*Phalaenopsis schilleriana*)和史氏蝴蝶兰(*Phalaenopsis stuartiana*)；金氏小蝶兰组有千叶蝴蝶兰(*Phalaenopsis chibae=K.chibae*)、金氏小蝶兰(*Phalaenopsis deliciosa=K. deliciosa*)、迈索尔蝴蝶兰(*Phalaenopsis mysorensis*)和神露蝴蝶兰(*Phalaenopsis mirabilis*)；朵丽兰组有四倍体朵丽兰(*Phalaenopsis buyssoniana=Doritaenopsis pulcherrima* var 'buyssoniana')、紫花蝴蝶兰(*Phalaenopsis pulcherrima=Doritaenopsis pulcherrima*)和雷格蝴蝶兰(*Phalaenopsis regnieriana=Doritaenopsis pulcherrima* var regnieriana)；船舌蝴蝶兰组包括苏拉威西蝴蝶兰(*Phalaenopsis celebensis*)、桃红蝴蝶兰(*Phalaenopsis equestris*)和林登蝴蝶兰(*Phalaenopsis lindenii*)。

多唇蝴蝶兰亚属有33种，分为4组，即裂唇蝴蝶兰组(Section Polychilos)、褐斑蝴蝶兰组(Section Fuscatae)、安曼蝴蝶兰组(Section Amboinenses)和马斑蝴蝶兰组(Section Zebrinae)。裂唇蝴蝶兰组有角状蝴蝶兰(*Phalaenopsis cornu-cervi*，将婆罗洲蝴蝶兰 *Phalaenopsis borneensis*、豹纹蝴蝶兰 *Phalaenopsis pantherina* 并入此种)和版纳蝴蝶兰(*Phalaenopsis mannii*)；褐斑蝴蝶兰组有匙唇蝴蝶兰(*Phalaenopsis cochlearis*)、褐斑蝴蝶兰(*Phalaenopsis fuscata*)、孔氏蝴蝶兰

（*Phalaenopsis kunstlerii*）和绿花蝴蝶兰（*Phalaenopsis viridis*）；安曼蝴蝶兰组有安曼蝴蝶兰（*Phalaenopsis amboinensis*）、婆罗洲紫纹蝴蝶兰（*Phalaenopsis bellina*）、巴氏蝴蝶兰（*Phalaenopsis bastianii*）、道尔蝴蝶兰（*Phalaenopsis doweryensis*）、横纹蝴蝶兰（*Phalaenopsis fasciata*）、流苏蝴蝶兰（*Phalaenopsis fimbriata*）、佛罗勒斯蝴蝶兰（*Phalaenopsis floresensis*）、象耳蝴蝶兰（*Phalaenopsis gigantea*）、象形文字蝴蝶兰（*Phalaenopsis hieroglyphica*）、爪哇蝴蝶兰（*Phalaenopsis javanica*）、鲁德曼蝴蝶兰（*Phalaenopsis lueddemanniana*）、黄花蝴蝶兰（*Phalaenopsis luteola*）、斑花蝴蝶兰（*Phalaenopsis maculata*）、玛莉亚蝴蝶兰（*Phalaenopsis mariae*）、米库氏蝴蝶兰（*Phalaenopsis micholitzii*）、沙巴蝴蝶兰（*Phalaenopsis* modesta）、淡白蝴蝶兰（*Phalaenopsis pallens*）、美丽蝴蝶兰（*Phalaenopsis pulchra*）、理氏蝴蝶兰（*Phalaenopsis reichenbachiana*）、罗便臣蝴蝶兰（*Phalaenopsis robinsonii*）、多脉蝴蝶兰（*Phalaenopsis venosa*）和紫纹蝴蝶兰（*Phalaenopsis violacea*）。马斑蝴蝶兰组有三角唇蝴蝶兰（*Phalaenopsis corningiana*）、华彩蝴蝶兰（*Phalaenopsis inscriptiosinensis*）、美花蝴蝶兰（*Phalaenopsis speciosa*）、苏门答腊蝴蝶兰（*Phalaenopsis sumatrana*）和四叶蝴蝶兰（*Phalaenopsis tetraspis*）。

蝴蝶兰主要原产于亚洲和大洋洲的热带和亚热带地区，印度尼西亚是原产蝴蝶兰最多的国家，原产26种；其次是菲律宾，原产19种；马来西亚排第3位，原产18种；但印度尼西亚和马来西亚原产的蝴蝶兰中，有16种产自婆罗洲。我国原产蝴蝶兰有14种，排在第4位。泰国、越南、印度和缅甸各有原产9~10种，不丹、老挝、斯里兰卡、新几内亚、澳大利亚各有1~2种。但由于气候变迁、人为开发或过度采挖等原因，一些蝴蝶兰原生种已被列入世界自然保护联盟（International Union for Conservation of Nature，IUCN）红色名录中，其中华西蝴蝶兰被列为极危种（Critically Endangered），林登蝴蝶兰、米库氏蝴蝶兰和紫纹蝴蝶兰被列为濒危种（Endangered）。我国14种原产蝴蝶兰中，5种（华西蝴蝶兰、红河蝴蝶兰、滇西蝴蝶兰、尖囊蝴蝶兰和小尖囊蝴蝶兰）属落叶蝴蝶兰亚属，5种（白花蝴蝶兰、菲律宾白花蝴蝶兰、金氏小蝶兰、桃红蝴蝶兰和紫花蝴蝶兰）属蝴蝶兰亚属，3种（囊唇蝴蝶兰、罗比蝴蝶兰和麻栗坡蝴蝶兰）属柏氏蝴蝶兰亚属，1种（版纳蝴蝶兰）属多唇蝴蝶兰亚属。其中，麻栗坡蝴蝶兰和滇西蝴蝶兰为我国特有种。

六、育种常用蝴蝶兰原生种

蝴蝶兰丰富多彩的品种主要归功于各具颜色及特性的蝴蝶兰原生种。在蝴蝶兰的杂交育种中，无论花朵大小、质地、花色、叶片大小、花序轴数、花序轴分枝数及香味等特性均为杂交选育的重要考虑因素。一般情况下，育种专家在进行新品种培育的时候，会根据自己的育种目标来选择相应的原生种作为父母本，以期获得具有目标性状的新品种。在蝴蝶兰的育种中，常被作为亲本的原生种约有 19 种，主要是：

1. 阿妈蝴蝶兰（*Phalaenopsis amabilis*）　阿妈蝴蝶兰主要产于由菲律宾向南至澳洲昆士兰；西边自苏门答腊东至新几内亚。本种有使杂交后代增加花朵数、双梗性、良好的花序排列等优良盆花特性。叶片椭圆，颜色翠绿，花序轴长度 50~100 cm。常常会有 2 枝花序轴，并有分枝出现，每花序着生花朵 15~20 朵，花朵白色。开花期为冬季至夏季，花期可达 2 个月，部分植株花朵具淡味。栽培容易，可接受中光（图 2.1.7）。

图 2.1.7　阿妈蝴蝶兰

2. 阿嬷蝴蝶兰（*Phalaenopsis aphrodite*）阿嬷蝴蝶兰主要原产于菲律宾民答那峨岛、吕宋岛及台湾南部海岸山脉、恒春半岛、兰屿。本种与 *Phalaenopsis amabilis* 相当类似，易造成混淆。多应用在浅色系多花以及花朵排列上，抗病性佳，市场上不少白花系列的蝴蝶兰均是其子代。植株大小 15~30 cm，花径长 6.5~9 cm，开花期在春季，花期可达 50 d，部分植株花朵具淡味。栽培容易，可接受中光（图 2.1.8）。

图 2.1.8　阿嬷蝴蝶兰

3. 安汶蝴蝶兰（*Phalaenopsis amboinensis*）安汶蝴蝶兰原产于印度尼西亚摩鹿加群岛及苏拉维西，一般叶片较大，带有光泽，花序轴较短，前端着生 3~5 朵花，花径 3~5 cm。花朵蜡质，底色为白色或黄色，育种上以黄底色者为亲本，其杂交子代较能产生多变的色彩，*Phalaenopsis* orchid world 就是其中的佼佼者。本种花朵平整，而且只要保留花谢后的花序轴，几乎终年可以开花。为选育黄花蝴蝶兰及斑点花的重要亲本，且有遗传花朵平整的特性。开花期为秋季至春季，花期可达 30 d，具香味。栽培容易，可接受中光（图 2.1.9）。

4. 贝丽娜蝴蝶兰（*Phalaenopsis bellina*）贝丽娜蝴蝶兰主要原产于马来西亚、印度尼西亚苏门答腊及爪哇，叶片大而圆，带有蜡质光泽。花序轴短，花数 1~3 朵，花朵星形，质地厚且为蜡质，花瓣及苞片边

Phalaenopsis amboinensis

Phalaenopsis orchid world

图 2.1.9 安汶蝴蝶兰

缘常带有漂亮的苹果绿，花朵中央及唇瓣为亮红色（图 2.1.10）。本种为蝴蝶兰中最具浓郁香气的原生种，后代也都会遗传此香味特性，育种上多应用在亮度及香味方面，其中 *Phalaenopsis* Brother Sara Gold 及 *Phalaenopsis* Sogo Lawrence 乃代表作（图 2.1.11）。开花期为夏季至秋季，花期可达 30 d，具香味。栽培容易，可接受中光。

图 2.1.10 贝丽娜蝴蝶兰

Phalaenopsis Brother Sana Gold

Phalaenopsis Sogo Lawrence

图 2.1.11 贝丽娜蝴蝶兰杂交子代

5. 鹿角蝴蝶兰（*Phalaenopsis Cornu-cervi*） 又称角状蝴蝶兰，原产于马来西亚、印度尼西亚苏门答腊及爪哇、泰国及缅甸等国家。叶片淡绿色长椭圆形，叶长 20 cm 左右。花序轴数及长度不一，形状扁平且像鹿角，每花序轴生长 2~3 朵花。花朵蜡质，狭长星形，黄绿带有褐色斑纹。开花期为春季至秋季，花期可达 25 d，部分植株花朵具淡味。栽培容易，可接受中强光（图 2.1.12）。

图 2.1.12　鹿角蝴蝶兰

6. 桃红蝴蝶兰 / 姬蝴蝶兰（*Phalaenopsis equestris*） 桃红蝴蝶兰原产于菲律宾，台湾兰屿为其分布的最北界。本种从白色至桃红色都有，近几年更有淡蓝色的出现，颜色变化较多。植株外形较小，只有 12~30 cm，叶片长椭圆形，叶尖舌形，长度约 20 cm。花序轴长 20~40 cm，常有分枝，每序轴着生花数多达 20 朵以上。花径约 2.5 cm，具有续花性，且花序轴顶端易长高芽。花朵常带有类似蟑螂的气味，亦有具甜香的个体，此气味特性能遗传至后代。本种为小型多花育种最重要的亲本，具有遗传多序轴、多花、亮红色唇瓣及花朵白边的特性，许多白花红心或黄花红心品种都带有本种的血缘。开花期为春季或秋季，花期可达 25 d，部分植株花朵具淡香味。栽培容易，可接受中光至强光（图 2.1.13）。

Phalaenopsis equestris　　*Phalaenopsis equestris* var.*coerulea*

图 2.1.13　桃红蝴蝶兰 / 姬蝴蝶兰

7. 横纹蝴蝶兰（*Phalaenopsis fasciata*）又称扁梗蝴蝶兰，属条纹花组，根肉质，极多。茎短，有叶 3~5 片，叶卵形至长卵形，长 14~20 cm，宽 6~8 cm，叶尖圆钝；花序斜出，花序轴扁圆形，有花 3~8 朵，花黄色密布红色横纹，唇瓣白色，中部黄色，舌端尖锐；花期夏季。原产于菲律宾，附生于山地密林中的树上（图 2.1.14）。

图 2.1.14　横纹蝴蝶兰

8. 象耳蝴蝶兰（*Phalaenopsis gigantea*）　象耳蝴蝶兰原产于印度尼西亚爪哇、加里曼丹、婆罗洲及马来西亚沙巴洲。叶片厚且硕大，带有银灰色，长度可达 1 m 并呈下垂性。通风良好，较明亮的栽培环境有利于本种的开花。花序轴下垂，长度约 40 cm，花朵密集轮生 20~40 cm。花朵蜡质且平整浑圆，花色为淡黄色或米白色并带咖啡色斑纹（图 2.1.15）。育种上能遗传浑圆的花形及特殊的粗斑，一般常见的黑花斑纹特性即来自于本种。目前许多斑点花有血缘关系，台湾扬名国际的黑花始祖 *Phalaenopsis* Golden Peoker 都有它的基因（图 2.1.16）。开花期为春季至秋季，花期可达 25 d，无味。本品生长缓慢，不易栽培，湿度要求较高，宜用板植方式，能增加通风而避免叶心积水腐烂，接受中光。

图 2.1.15　象耳蝴蝶兰

图 2.1.16　黑花始祖

9. 罗比蝴蝶兰 / 玉兔蝴蝶兰（*Phalaenopsis lobbii*）　罗比蝴蝶兰原产于印度、缅甸、不丹、越南及尼泊尔。叶片浓绿，呈广椭圆形，株形小，叶长仅 10~15 cm。花序轴直立且短，着生 3~6 朵花，花径 2~2.5 cm，唇瓣下垂为倒三角形。花色为白色，唇瓣为鹅黄色，唇瓣中央有白色线条。因其独特的唇瓣特性能遗传给后代，可育成特殊花形，故成为近年育种家的新宠。开花期为春季至秋季，花期可达 20 d，具有类似洗衣粉的特别香味。栽培容易，可接受中光（图 2.1.17）。

图 2.1.17 罗比蝴蝶兰 / 玉兔蝴蝶兰

10. 鲁德曼蝴蝶兰（*Phalaenopsis lueddemanniana*） 鲁德曼蝴蝶兰分布于菲律宾的吕宋岛至民答那峨岛。叶片鲜绿色带有光泽，长 20~30 cm。花期主要在春季，花序轴长，顶端常会产生高芽。花朵蜡质星形，具有香气，花朵寿命长，花径大小约 6 cm，颜色为白底带亮红色缟纹，色彩变化差异大。本种色彩丰富且具奇特斑纹，具有亮红色的遗传特点，为蝴蝶兰红花及斑点花等交配的重要亲本。它的遗传特色是亮丽的蜡质，不论是斑点还是整朵洋红色，都是不少育种家努力追求的目标。开花期为春季至秋季，花期可达 30 d，具香味。栽培容易，可接受中光（图 2.1.18）。

图 2.1.18 鲁德曼蝴蝶兰

11. 版纳蝴蝶兰（*Phalaenopsis mannii*） 又名曼蝴蝶兰、曼尼蝴蝶兰。茎粗厚，具数个节，叶两面绿色，长圆状倒披针形或近长圆形，先端锐尖，花期具叶；花序侧生于茎，不分枝或有时分枝，花序轴粗壮，花苞片披针形，花开展，质地厚，萼片和花瓣橘红色带紫褐色横纹斑块；中萼片倒卵状披针形，先端锐尖，侧萼片斜卵状椭圆形，花瓣近长圆形，唇瓣白色，侧裂片直立，近长方形，药帽黄色，半球形，花粉近椭圆形，3~4月开花（图2.1.19）。分布于尼泊尔、印度、缅甸、越南以及中国大陆的云南等地，生长于海拔1 350 m 左右的地区，多见于常绿阔叶林中的树干上。

12. 玛莉亚蝴蝶兰（*Phalaenopsis mariae*） 又名玛丽蝴蝶兰，原产于菲律宾。植株叶片绿色肉质，植株大小20~30 cm，花朵直径3~4.5 cm。花期夏季至秋季。花期25~30 d。具香味。喜中光，栽培容易（图2.1.20）。

图 2.1.19 版纳蝴蝶兰

图 2.1.20 玛莉亚蝴蝶兰

13. 米库氏蝴蝶兰（*Phalaenopsis micholitzii*） 米库氏蝴蝶兰主要原产于南菲律宾的民答那峨岛。在遗传上具有多花序轴性，其后代常可见到一个节间长出了两枝花序轴，盛开时就像一团花球。另外颜色遗传常可获得鲜艳的绿黄色。本种植株为15~20 cm，花径3.5~4.5 cm。开花期在秋季至春季，花期可达35 d，无味。栽培为中难度，只可接受弱光（图2.1.21）。

14. **紫花蝴蝶兰**（*Phalaenopsis pulcherrima*） 又称五唇兰、五舌兰。叶丛生，肉质状。基部关节明显，无明显茎。花葶抽生于基部，疏生十余朵小花，花为紫红色，花形奇特。茎很短，具3～6枚近基生的叶。叶上面绿色，背面淡绿色或淡紫色，长圆形。花序直立，圆柱形，高出叶外；总状花序长10～13 cm，疏生数朵花；花通常具香气，开放，萼片和花瓣淡紫色；花瓣近倒卵形，比中萼片稍小；唇瓣5裂，基部具弯曲向上而长4 mm的爪。花期7～8月。生于密林或灌丛中，常见于覆有土层的岩石上（图2.1.22）。分布于中国海南、印度东北部、缅甸、老挝、柬埔寨、越南、泰国、马来西亚、印度尼西亚。此花易栽培，具有较高的园艺价值。

图 2.1.21 米库氏蝴蝶兰

图 2.1.22 紫花蝴蝶兰

15. **西蕾丽蝴蝶兰**（*Phalaenopsis schilleriana*） 西蕾丽蝴蝶兰主要原产于菲律宾。植株大，达10~50 cm，叶片暗绿带有银白色斑点，长度可达 20~45 cm。花序轴几乎都有分枝，花数多达50朵以上。花色为淡粉红色，萼片部分带有细小斑点，花径约6 cm。花朵具有玫瑰香气。利用其育种可增加后代花朵数，并增加角度较大的花序轴分枝，是淡粉红色花或小斑点花的重要交配亲本。同时也是少数具有浓郁香气且多花的蝴蝶兰原种。西蕾丽蝴蝶兰是目前大多数红花的启始亲本，红色系都脱离不了它的范畴。开花期春季至初夏，花期可达30 d，具香味。栽培容易，可接受中光（图2.1.22）。

图 2.1.23　西蕾丽蝴蝶兰

16. 史塔基蝴蝶兰（*Phalaenopsis stuartiana*）　史塔基蝴蝶兰主要原产于南菲律宾的民答那峨岛。叶片浓绿带有银白色斑点，长度可达35 cm。花序轴弓状，长约60 cm，常有分枝，着生花数多可达30~50朵。花色变化多，有白色、米色及米黄色等，下萼片下半部带有红褐斑点。花径2.5~4 cm。本种另一特点为由根部产生新芽。育种上可以增加后代花朵数及花序轴分叉性。开花期在春季，花期可达30 d，部分植株花朵具香气。栽培容易，可接受中光（图2.1.24）。

图 2.1.24　史塔基蝴蝶兰

17. 苏门答腊蝴蝶兰（*Phalaenopsis sumatrana*） 属条纹花组，植株粗壮，根肉质，极多；茎短，有叶 3~5 片，叶肉质，卵形，长 15~30 cm，宽 4~11 cm，基部耳状；总状花序，直立或稍偏斜，长可达 30 cm，着生花 5~20 朵，花黄绿色，有许多红色横纹，唇瓣紫红色，顶端密生白色长毛；花期夏季。原产于泰国、马来西亚、印度尼西亚和缅甸，附生于山地密林中的树上（图 2.1.25）。

18. 韦诺萨蝴蝶兰（*Phalaenopsis venosa*） 韦诺萨蝴蝶兰产于印度尼西亚苏拉威西岛，叶亮绿色，长10~20 cm。花序轴短约15 cm，花苞呈三角形，单花序着生花2~4朵。花朵平整蜡质，花径4~5 cm，颜色为深橘色至浅咖啡色，带有部分黄色小条纹，并具有浓郁气味。本种在橘黄花的育种上有杰出贡献，具有花朵平整且质地佳的遗传特点。本种的后代‘台北黄金’造就了台湾目前黄花蝴蝶兰的一片天地。开花期在春季至秋季，花期可达40 d。栽培容易，可接受中光（图 2.1.26）。

图 2.1.25 苏门答腊蝴蝶兰

图 2.1.26 韦诺萨蝴蝶兰

19. 荧光蝴蝶兰（*Phalaenopsis violacea*） 荧光蝴蝶兰原产于印度尼西亚苏门答腊、婆罗洲及马来半岛。叶片肉质亮绿且具蜡质，叶形大而圆，长20~30 cm。花序轴短而无分叉，着生1~2朵花，花序轴长 10~15 cm。花径5~8 cm，花朵蜡质肉厚，带有浓郁的水果香气。花朵底色有白色及粉紫色，外缘常有浅苹果绿色，萼片下半部及唇瓣为洋红色。本种因颜色鲜艳且具香味，为趣味育种者喜爱使用的亲本。开花期在夏季至秋季，花期可达40 d。栽培容易，只可接受弱光至中光（图2.1.27）。

图 2.1.27　荧光蝴蝶兰

七、蝴蝶兰部分原生种

1. 胼胝蝴蝶兰（齿脊蝴蝶兰）*Phalaenopsis appendiculata*（图2.1.28）　原产于马来西亚，低海拔。

2. 巴氏蝴蝶兰 *Phalaenopsis bastianii*（图2.1.29）　原产于菲律宾。

图 2.1.28　胼胝蝴蝶兰

图 2.1.29　巴氏蝴蝶兰

3. 贝丝蝴蝶兰 *Phalaenopsis braceana*（图 2.1.30）　原产于不丹、中国云南，海拔 1 100~2 100 m。

4. 四倍体朵丽兰 *Phalaenopsis buyssoniana*（图 2.1.31）　原产于泰国、越南。

图 2.1.30　贝丝蝴蝶兰

图 2.1.31　四倍体朵丽兰

5. 苏拉威西蝴蝶兰 *Phalaenopsis celebensis*（图 2.1.32）　原产于印度尼西亚。

6. 千叶蝴蝶兰 *Phalaenopsis chibae*（图 2.1.33）　原产于越南，海拔 400~600 m。

图 2.1.32　苏拉威西蝴蝶兰

图 2.1.33　千叶蝴蝶兰

7. 匙唇蝴蝶兰（贝壳蝴蝶兰） *Phalaenopsis cochlearis*（图 2.1.34）　原产于马来西亚、婆罗洲，海拔 450~610 m。

8. 三角唇蝴蝶兰 *Phalaenopsis corningiana*（图 2.1.35）　又名柯宁蝴蝶兰，原产于婆罗洲，海拔 450~610 m。

图 2.1.34　匙唇蝴蝶兰

图 2.1.35　三角唇蝴蝶兰

9. 金氏小蝶兰 *Phalaenopsis deliciosa*（图 2.1.36）　分布广，斯里兰卡、印度东北、中国都有分布，海拔 50~500 m。

10. 道尔蝴蝶兰 *Phalaenopsis doweryensis*（图 2.1.37）　原产于婆罗洲。

图 2.1.36　金氏小蝶兰

图 2.1.37　道尔蝴蝶兰

11. 流苏蝴蝶兰 *Phalaenopsis fimbriata*（图 2.1.38）　原产于婆罗洲、印度尼西亚爪哇、苏门答腊，海拔 400 m。

12. 佛罗勒斯蝴蝶兰 *Phalaenopsis floresensis*（图 2.1.39）　原产于印度尼西亚，海拔 300~500 m。

图 2.1.38 流苏蝴蝶兰

图 2.1.39 佛罗勒斯蝴蝶兰

13. 褐斑蝴蝶兰 *Phalaenopsis fuscata*（图 2.1.40） 原产于马来西亚、越南、婆罗洲、菲律宾，海拔 1 000 m。

14. 囊唇蝴蝶兰 *Phalaenopsis gibbosa*（图 2.1.41） 又称白兔蝴蝶兰，原产于中国中南部、老挝和越南。

图 2.1.40 褐斑蝴蝶兰

图 2.1.41 囊唇蝴蝶兰

15. 象形文字蝴蝶兰 *Phalaenopsis hieroglyphica*（图 2.1.42） 原产于菲律宾，低海拔。

16. 红河蝴蝶兰 *Phalaenopsis honghenensis*（图 2.1.43） 原产于中国西南部、越南，海拔 2 000 m。

17. 华彩蝴蝶兰 *Phalaenopsis inscriptiosinensis*（图 2.1.44） 又称汉字蝴蝶兰，原产于印度尼西亚苏门答腊，海拔 900 m。

18. 爪哇蝴蝶兰 *Phalaenopsis javanica*（图 2.1.45） 原产于印度尼西亚爪哇，海拔 700~1 000 m。

图 2.1.42　象形文字蝴蝶兰

图 2.1.43　红河蝴蝶兰

图 2.1.44　华彩蝴蝶兰

图 2.1.45　爪哇蝴蝶兰

19. 孔氏蝴蝶兰 *Phalaenopsis kunstleri*（图 2.1.46）　原产于马来西亚、缅甸，海拔 700~1 000 m。

20. 林登蝴蝶兰 *Phalaenopsis lindenii*（图 2.1.47）　原产于菲律宾，海拔 1 500 m。

图 2.1.46　孔氏蝴蝶兰

图 2.1.47　林登蝴蝶兰

21. 长吻蝴蝶兰 *Phalaenopsis lowii*（图 2.1.48）　又称劳氏蝴蝶兰，原产于缅甸、泰国，海拔 800 m。

22. 黄花蝴蝶兰 *Phalaenopsis luteola*（图 2.1.49）　原产于婆罗洲。

图 2.1.48　长吻蝴蝶兰

图 2.1.49　黄花蝴蝶兰

23. 斑花蝴蝶兰 *Phalaenopsis maculate*（图 2.1.50）　原产于婆罗洲、马来西亚，海拔 10~1 000 m。

24. 麻栗坡蝴蝶兰 *Phalaenopsis malipoensis*（图 2.1.51）　原产于中国云南，海拔 600~1 300 m。

图 2.1.50　斑花蝴蝶兰

图 2.1.51　麻栗坡蝴蝶兰

25. 小蝴蝶兰 *Phalaenopsis minus*（图 2.1.52）　常称为 *Kingidium minus* 或 *Phalaenopsis finleyi*，原产于泰国、越南。

26. 神露蝴蝶兰 *Phalaenopsis mirabilis*（图 2.1.53）　原产于泰国。

图 2.1.52　小蝴蝶兰

图 2.1.53　神露蝴蝶兰

27. 羞花蝴蝶兰 *Phalaenopsis modesta*（图 2.1.54）　又称沙巴蝴蝶兰，原产于婆罗洲，海拔 366 m。

28. 迈索尔蝴蝶兰 *Phalaenopsis mysorensis*（图 2.1.55）　原产于印度南部。

图 2.1.54　羞花蝴蝶兰

图 2.1.55　迈索尔蝴蝶兰

29. 缅甸蝴蝶兰 *Phalaenopsis natmataungensis*（图 2.1.56） 原产于缅甸。

30. 淡白蝴蝶兰 *Phalaenopsis pallens*（图 2.1.57） 与 *Phalaenopsis denticulate* 为同一品种，原产于菲律宾，海拔 0~500 m。

图 2.1.56 缅甸蝴蝶兰

图 2.1.57 淡白蝴蝶兰

31. 柏氏蝴蝶兰 *Phalaenopsis parishii*（图 2.1.58） 与 *Phalaenopsis decumbens* 为同一品种，原产于印度东北、缅甸和泰国，海拔 500 m。

32. 菲律宾蝴蝶兰 *Phalaenopsis philippinensis*（图 2.1.59） 原产于菲律宾，海拔 1 200 m。

图 2.1.58 柏氏蝴蝶兰

图 2.1.59 菲律宾蝴蝶兰

33. 美丽蝴蝶兰 *Phalaenopsis pulchra*（图 2.1.60） 原产于菲律宾，海拔 100~650 m。

34. 雷格蝴蝶兰 *Phalaenopsis regnieriana*（图 2.1.61）　与 *Doritaenopsis regnieriana* 为同一种，原产于泰国。

图 2.1.60　美丽蝴蝶兰

图 2.1.61　雷格蝴蝶兰

35. 理氏蝴蝶兰 *Phalaenopsis reichenbachiana*（图 2.1.62）　原产于菲律宾。

36. 罗便臣蝴蝶兰 *Phalaenopsis robinsonii*（图 2.1.63）　原产于印度尼西亚马鲁古群岛。

图 2.1.62　理氏蝴蝶兰

图 2.1.63　罗便臣蝴蝶兰

37. 桑德利亚蝴蝶兰 *Phalaenopsis sanderiana*（图 2.1.64）　原产于菲律宾，海拔 457 m。

38. 美花蝴蝶兰 *Phalaenopsis speciosa*（图 2.1.65）　原产于印度安达曼和尼科巴群岛。

图 2.1.64 桑德利亚蝴蝶兰

图 2.1.65 美花蝴蝶兰

39. 滇西蝴蝶兰 *Phalaenopsis stobartiana*（图 2.1.66） 原产于中国，海拔 800~900 m。

40. 长距蝴蝶兰 *Phalaenopsis taenialis*（图 2.1.67） 又称小尖囊蝴蝶兰，与 *Kingiella taenialis* 为同一种，原产于喜马拉雅山西北部、中国，海拔 1 000~2 500 m。

图 2.1.66 滇西蝴蝶兰

图 2.1.67 长距蝴蝶兰

41. 四叶蝴蝶兰 *Phalaenopsis tetraspsis*（图 2.1.68） 又称盾花蝴蝶兰，原产于印度安达曼和尼科巴群岛、印度尼西亚苏门答腊。

42. 泰国蝴蝶兰 *Phalaenopsis thailandica*（图 2.1.69） 原产于泰国。

图 2.1.68　四叶蝴蝶兰

图 2.1.69　泰国蝴蝶兰

43. 绿花蝴蝶兰 *Phalaenopsis viridi*（图 2.1.70）　原产于印度尼西亚苏门答腊，海拔 690~1 000 m。

44. 华西蝴蝶兰 *Phalaenopsis wilsonii*（图 2.1.71）　与 *Phalaenopsis hainanensis* 为同一种，原产于中国西南、缅甸、越南，海拔 1 500~2 150 m。

图 2.1.70　绿花蝴蝶兰

图 2.1.71　华西蝴蝶兰

第二章　蝴蝶兰常见品种

蝴蝶兰品种丰富、花姿优美、花色艳丽、花期长，具有极高的观赏价值，是世界上热销兰花之一。根据其形态特点一般可分为标准大花类、珍奇类、斑点花类等。但由于经济与文化差异，不同国家和地区对蝴蝶兰品种的喜好各不相同：蝴蝶兰植株花序轴高、分枝多、花朵数多的品种在美国比较受欢迎；荷兰消费者喜欢双梗花，对颜色和规格要求不高；英国人喜欢单序轴、长茎、大花的蝴蝶兰；北欧地区的人们喜欢双序轴、小花、茎长 20~ 30 cm的蝴蝶兰；意大利南北方喜好迥异，北方消费者喜欢大花品种，南方消费者喜欢小花品种。

衡量蝴蝶兰品质的高低，过去仅从花朵数量和大小去判别，如今则提出了更高的要求，比如花瓣的厚度、叶片的排序、根系的生长状况等。这就要求蝴蝶兰品种要不断更新、丰富。随着蝴蝶兰产业的不断发展，蝴蝶兰的主流品种也在悄然发生着变化。

虽然这两年蝴蝶兰市场形势比较严峻，但对蝴蝶兰产业的影响因不同品种有很大差异，主流红色大花品种受到前所未有的冲击，但蜡质、杂色系、迷你型等珍奇类蝴蝶兰品种则逐渐受到消费者的青睐，价格居高不下。由此可见，当蝴蝶兰产业处于低谷之时，更凸显出品种的重要性。

一、根据花色分类

1.红花系列　大型红花向来是蝴蝶兰的主要品种，因其特有的热烈喜庆的氛围，特别受世界各地华人的喜爱。在我国年宵盆花中占较高的比例。前些年，台湾培育的红花品种颜色深，但花朵较小；日本培育的红花花朵多、大且排列整齐，但颜色浅的居多。近几年，经过杂交选拔，出现了许多花朵颜色深、多、大、排序整齐的大红色品种。

目前国内市场上的红花占有率在80%以上，主流品种仍是一些经典的老品种，如‘巨宝红玫瑰’（*Phalaenopsis* Jiuhbao Red Rose）、‘火鸟’（*Phalaenopsis* Sogo Beach）、‘红龙’（*Phalaenopsis* BenYu Star‘Red Dragon’）等。‘V31’（*Doritaenopsis* Tailin Red Angel‘V31’）曾是市场上供应量最多的品种，目前由于颜色不够艳丽，开始退出主流市场。近年兴起的红花品种有‘红太阳’、‘火凤凰’（*Doritaenopsis* Sinica Julit‘Fire phoanis’）、‘阿里山姑娘’（*Phalaenopsis* Alishan Girl）、‘一串红’（*Phalaenopsis* Red sage）、‘大辣椒’（*Phalaenopsis* Big Chili）、‘内山姑娘’（*Phalaenopsis* Ney Shan Guniang）、‘红珊瑚’（*phalaenopsis* Red Coral）和‘光芒四射’（*Phalaenopsis* Formosa Sunrise）等品种（图2.2.1）。

2.白花系列 白花蝴蝶兰代表纯洁无瑕的爱情及友谊，深受年轻人青睐。日本白色蝴蝶兰代表“我爱你”，因此，在高档的婚礼现场经常有白色蝴蝶兰的身影，白色蝴蝶兰曾经风靡日本全岛。经过多年的杂交选育，白花蝴蝶兰已达到非常高的水准。目前，白花的花朵大，花形圆整，花数多，花期长达3~4个月，排列整齐，整体感好，可以说是接近完美的程度。原产于台湾的原种*Phalaenopsis amablis*及*Phalaenopsis aphrodite*对白花育种的贡献很大。

蝴蝶兰白花品种在国内市场的占有率较低，主流品种包括大型白花品种‘V3’，白花红心品种‘雪中红’，中小白花品种‘阳光彩绘’、‘小家碧玉’、‘台湾阿嬷’。其中，中小白花品种的消费群体多为城市上班族。另外，还有‘白雪公主’、‘快乐天使’、‘都市女孩’、‘春季天使’、‘春姑娘’、‘西部美人’等品种（图2.2.2）。

白花红心系列中的白花红唇俗称红唇美人，非常漂亮，是送礼的佳品。以唇瓣大、鲜红，花瓣颜色纯白，花形圆整为上品。

大型白花品种‘V3’（*Phalaenopsis* Sogo Yukidian‘V3’）：大白花，花朵宽11 cm，花序轴高80 cm。

‘雪中红’（*Doritaenopsis* Mount Lip）：花序轴高40 cm，花径10.5 cm，白花带红晕，商家常称其为“青涩少女”。

‘阳光彩绘’（*Phalaenopsis* Sogo lit sunny ）：迷你白花红心，花朵宽5.5 cm，花序轴高38 cm。

蝴蝶兰‘火鸟’

蝴蝶兰‘火凤凰’

蝴蝶兰‘大辣椒’

蝴蝶兰‘一串红’

蝴蝶兰‘光芒四射’

蝴蝶兰‘红珊瑚’

图 2.2.1　市场上较流行的蝴蝶兰红花品种

‘小家碧玉’（*Doritaenopsis* Little Gem Stripes）：花序轴高20 cm，花径5 cm，白花红心。

‘台湾阿嬷’（*Phalaenopsis aphrodite*）：花序轴高40 cm，花径5 cm，白花黄心，排列佳，易双梗。

3.黄花系列　由于大多数黄色品种为四倍体品种和二倍体原种杂交产生的三倍体，所以再做亲本进行杂交时，不结实的可能性较

Phalaenopsis Sogo Yukidian‘V3’

Phalaenopsis Red Lip Beauty

Phalaenopsis Troic white ‘Mount Lip’

Phalaenopsis Sogo lit sunny

Doritaenopsis Little Gem Stripes ‘Cat King’

图 2.2.2　市场上的主流蝴蝶兰白花品种

大，因此育种进展较慢，黄色蝴蝶兰也因此显得更加珍贵。黄花品种以黄色纯正、开放过程中花朵不褪色、花多、排列整齐者为上品。常用原生种有：*Phalaenopsis amboinensis*、*Phalaenopsis fasciata*、*Phalaenopsis mannii*等。

目前国内市场上的黄花品种约占10%，而黄花品系有90%以上为‘富乐夕阳’、‘昌新皇后’和‘兄弟女孩’（图2.2.3）。

蝴蝶兰‘富乐夕阳’系列的‘荣耀’

蝴蝶兰‘富乐夕阳’系列的‘金太阳’

蝴蝶兰‘昌新皇后’

Phalacnopsis Dragon’s Gold

蝴蝶兰‘万花筒’

蝴蝶兰‘兄弟女孩’

图 2.2.3　市场上的蝴蝶兰黄花品种

‘富乐夕阳’（*Phalaenopsi* Fuller’s Sunset）：花序轴高35 cm，花径9 cm，黄花红心。常见的栽培种富乐夕阳系列的莱耀（*Doritaenopsis* Fuller’s Sunet ‘Meidarland Glory’)和金太阳（*Phalaenopsis* Fuller’s Sunset ‘Golden Sun’）

‘昌新皇后’（*Doritaenopsis* ChainXen Queen）：花序轴高25 ~ 30 cm，花径9 cm，黄花红心。

‘台北黄金’（*phalaenopsis* Taipei Gold）：中型花，花径7.5 ~ 9 cm，花色为黄底，有不太明显的系数斑点，开纯黄花的比例较高。

‘万花筒’（*phalaenopsis* Kaleidoscope）：花径8 cm，花序轴高度55 cm，容易双梗，花色好，线条漂亮，黄花红心。

‘兄弟女孩’（*Phalaenopsis* Brother Girl），花径7 cm，花序轴高47 cm，黄底点线花。

4.条纹及斑点花系列　条纹及斑点花品种，以前一般作为趣味栽培品种，随着蝴蝶兰产业的重新调整，在市场品种多样化趋势要求下，这些系列的品种越来越多地被人们喜爱。特别是红条纹品种，花色鲜明有特点，花期长，易栽培，在未来市场中会有较好表现（图2.2.4、图2.2.5）。斑点花育种常用原种*Phalaenopsis lueddemanniana*，条纹花育种常用原种*Phalaenopsis lindenii*。

5.迷你型及珍奇种系列　花朵直径3~5 cm，花色丰富，花姿姣小可爱（图2.2.6），适合案头摆放，并有易栽培、易开花的特点，越来越受到人们的喜爱。合植在一起，也不乏豪华的感觉，具有很好的市场前景。珍奇类蝴蝶兰重要的原种亲本有*Phalaenopsis amboinensis*、*Phalaenopsis lueddemanniana*、*Phalaenopsis violacea*、*Phalaenopsis lueddemanniana*、*Phalaenopsis Ho's FrancyLeapard*、*Phalaenopsis equestris*等，其中如果带有*Phalaenopsis amboinensis*、*Phalaenopsis luddemanniana*、*Phalaenopsis violacea*的血统，常常会有香味。

近年来，通过与标准大花类杂交，新奇类蝴蝶兰的品质有了很大提升。大多数夏季开花的蝴蝶兰原生种具有浓香味，而它们均属于蜡质蝴蝶兰。2002 年由兄弟兰园登录的*Phalaenopsis* Brother Fortune

图 2.2.4　常见蝴蝶兰条纹花系列

图 2.2.5　常见蝴蝶兰斑点花系列

Sara至少具有以下香花原生种的血统：1/4 *Phalaenopsis amboinensis*、1/8*Phalaenopsis gigantea*和1/16*Phalaenopsis luddemanniana*；*Phalaenopsis* TyDuer ‘Bo’ 是浓香型蜡质蝴蝶兰小花，具有

1/2*Phalaenopsis luddemanniana*和1/4 *Phalaenopsis amboinensis*香花型蝴蝶兰基因，因此蜡质香味蝴蝶兰是香味蝴蝶兰育种必不可少的亲本。此外纯黄花、黄花斑点、黄花黑斑、橘红、橘黄、紫红、橘紫红等珍奇类蝴蝶兰多属于属间蝴蝶兰的杂交后代。

图 2.2.6　迷你蝴蝶兰系列

二、优良品种的标准

1.标准栽培品种　花色鲜明，有特点。花大，花形圆整，质地好，花瓣有绒毯感。花多，花序轴粗壮，软硬适中，花序轴在60 cm以下。如果作为单株观赏，最好选择具有双花序轴，或花序轴有分枝的品种。

花期长。有些品种在摘除花粉块后，花会枯萎。注意选择去除花粉块后也不凋谢的品种，一般蜡质系列的花期较长。

株型紧凑，叶厚挺拔。花朵在花序着生疏密有度，排列整齐，朝向佳。植株与花的总体平衡感好。

抗病、易栽培、生长发育快。

2. 盆花迷你品种　花色有特点，惹人爱。花期长。花多，花序轴有2个以上，花序轴有分枝，花序轴短。整体感好，生长周期短。

3. 珍奇品种　花色新颖奇特。有香味者佳。

部分得奖蝴蝶兰欣赏（图2.2.7）。

图 2.2.7　部分获奖的蝴蝶兰

第三章　蝴蝶兰新品种培育

蝴蝶兰因其花姿优美、花色艳丽、花期长等优点，是国际花卉市场上最受欢迎的热带兰之一，近几年来蝴蝶兰产业发展非常迅速。随着蝴蝶兰产业的发展，蝴蝶兰新品种培育越发显得重要。蝴蝶兰栽培育种研究大体经历了三个阶段：①1825～1900年，主要作为珍贵的室内盆栽植物，多是从原产地采集驯化直接利用。②1900～1960年，品种培育以自然变异筛选为主；种子繁殖技术建立后，杂交育种技术开始应用。③1960年至今，无菌播种技术的发展，促进了蝴蝶兰杂交育种的发展，杂交为品种培育的主要技术手段，现代生物学技术逐渐应用于新品种的培育或辅助杂交育种。

一、杂交育种

迄今为止，蝴蝶兰育种的主要方法仍是杂交育种。蝴蝶兰属与多个近缘属，如五唇兰属、万代兰属和朵丽兰属之间都有较好的杂交亲和性，育成了许多属间杂交种。蝴蝶兰品种中常见属间杂交种有：‘*Aeridopsis*’为指甲兰属和蝴蝶兰属的杂交种，‘*Doritaenopsis*’为五唇兰属和蝴蝶兰属的杂交种。

1. 杂交育种的发展

（1）蝴蝶兰常见亲本：经过近百年的杂交育种，目前已登录的蝴蝶兰杂交品种有19 000多个。蝴蝶兰常见类型亲本有以下种类：

1）标准大花类：主要有白花系、红花系、白底线条花系，这一类型的蝴蝶兰最重要的原始亲本为白花常用亲本*Phalaenopsis amabilis*，粉红常用色亲本*Phalaenopsis schilleriana*。

2）珍奇类：本类为小花类原生种初代杂交种及多代杂交种，其重要的原种亲本有*Phalaenopsis amboinensis*、*Phalaenopsis lueddemanniana*和*Phalaenopsis violacea*等，其中如果带有*Phalaenopsis violacea*的基因，常常会有香味。近年来，通过与标准大花类杂交，珍奇类蝴蝶兰的品质有了很大的提升。

3）斑点花类：本类多由标准大花类与原种或珍奇类交配而来，重要的亲本有*Phalaenopsis lueddemanniana*、*Phalaenopsis Ho's Francy Leapard*、*Phalaenopsis Paifang's Queen*、*Phalaenopsis Golden peoker*、*Phalaenopsis Sentra*、*Phalaenopsis Super stupid* 等。

4）多花类：其亲本主要为*Phalaenopsis equestris*，其他还有*Phalaenopsis pulcherrima*等，具有株型紧凑、花小而多的特点，一些品种如*Phalaenopsis Cassandra*、*Phalaenopsis Veitchiana*等植株开花可达数十朵至上百朵。

5）朵丽蝴蝶兰类：由蝴蝶兰与五唇兰（*Doritaenopsis*朵丽兰）杂交而来。

（2）杂交育种技术发展：种子阶段蝴蝶兰种胚通常发育不完全，种子萌发率低，生活力弱，限制了杂交育种的应用。世界上第一个有记载的以人工杂交方法选育的蝴蝶兰品种是*Phalaenopsis intermedia*，由英国外奇兰园1886年培育而来，它是白花蝴蝶兰（*Phalaenopsis amabilis*）和桃红蝴蝶兰（*Phalaenopsi equestris*）的杂交。从此，人工杂交创造新类型的潜在价值被广泛认知，但种子萌发率低限制了杂交技术的发展，到1909年，只有少数人成功。1922年，Lewis Knudson报告了一种高效种子繁殖技术体系，开创了非共生萌发的先例。蝴蝶兰杂交种的培育逐渐增多。同时，人们也为蝴蝶兰开创了一个新的市场——切花市场。育种的重点也随着人工播种技术的改进，特别是无菌播种技术的成功转移到了这一新的市场。通过种内和种间杂交，由Duke Farms于1940年注册的蝴蝶兰杂交种*Phalaenopsis Doris*，以其洁白的大花朵及厚重的品质占据了切花的主要市场，因花朵品质的限制，1950年之前，切花市场只有白花杂交种。到20世纪50年代，粉色的杂交种充实了切花市场。从此，一些新奇物种开始用于切花市场的杂交，*Phalaenopsis* Sally Lowrey （*Phalaenopsis equestris*×*Phalaenopsis* Pua Kea）为最具代表性的杂交种。到1960年，杂交育种的中心由切花转向盆栽，杂交育种不再局限于某一方面，花色、株型、瓣形等都成为育种目标，从此，迎来了蝴蝶兰杂交新品种登录的高峰。如1985年Griesbach用六倍体的*Phalaenopsis Golden Sauds*和四倍体的白花亲本回交，杂种后代在花色、花型、大小等方面都得到了很大改善，并育成了五倍体的蝴蝶兰新品种*Phalaenopsis* Meadouslark。1988年由陈查森先生登录的*Phalaenopsis* Taipei Gold（*Phalaenopsis* GlaysRead "SonWQueen" ×*Phalaenopsis venosa*），可谓黄花蝴蝶兰育种中的一个里程碑；1995年台湾兄弟兰园育出并登录的*Phalaenopsis* Brother Purple，是兰花育种史上短期内育出得奖品种最多的亲本，在16个月内，其子代拿到了40个AOS大奖。随后，各国开始由研究单位、企业开展专门的育种研究，每年都涌现大量的品种，20世纪80年代以后，一些知名的花卉公司，如Floricultura、BV、Anthurium等也转型开展蝴蝶兰的育种工作。

2.育种目标　蝴蝶兰是极具经济价值的花卉之一，目前在国际、国内市场上均占有重要的地位。人们对野生资源保护意识的增强及有关国际条约禁止野生兰花的国际贸易，促进了各国的兰花育种。另外，在各国兰花业竞争日趋激烈的今天，只有加强育种，拥有自己的种源，才能掌握主动权。在多年的蝴蝶兰新品种培育过程中，蝴蝶兰的育种目标主要包括花色、花型、花大小、花质地、花香、花寿命、花序排列及方向、抽梗性、新奇性、叶片形状、生长角度、生长势、抗耐病性和稳定性。

（1）在抗性育种方面：可选择原产地较干旱与寒冷的原生种为亲本，通过杂交获得的子代都会有较强的抗旱和耐寒能力，这对于降低栽培管理成本、扩大市场需求有很大作用。

（2）在花型育种方面：如小型花育种，这主要为切花生产服务。桃红蝴蝶兰（*Phalaenopsis equestris*）是目前小型花育种的主要亲本。

（3）在花色育种方面：通过培育不同花色的品种，以满足消费者的不同需求，特别是蓝色的蝴蝶兰，经过多年的培育仍未能获得成功。

（4）在抗病性育种方面：建兰花叶病毒（Cymbidium mosaic virus，CyMV）、齿兰环斑病毒（Odontoglossum ringspot virus，ORSV）、辣椒褪绿病毒（Capsicum chlorosis virus，CaCV）、黄瓜花叶病毒（Cucumer mosaic virus，CMV）及其他细菌或真菌性病害的耐性或抗性是殷切需求的育种目标。

随着蝴蝶兰产业的发展，未来蝴蝶兰育种方向主要是抗病性、耐病性；种苗分生量产容易及稳定性佳；生长速度快；花香味等方面。

3. 杂交育种技术　蝴蝶兰在开花后4～6 d进行授粉的成功率最高。授粉时的温度、光照对授粉成功与否有较大的影响。用于授粉的花粉必须为鲜黄色，黏性好，松散而不板结，最好用刚开花的花粉。若花粉变成深黄色至黄褐色，压之不会散开，这样的花粉进行授粉通常不能成功。一般情况下，授粉成功的花朵3～4个月后果荚便可进行试管无菌播种。由于果荚内种子数量较多，1个果荚便可繁殖出成千上万的植株。

（1）亲本的选择：一般应该选择成熟且健壮的植株作为亲本，特别是母本应有足够的营养供应果荚。蝴蝶兰由于花期较长，一般正在开放的花朵均可授粉结实。一般情况下，开花第1天花粉发芽力最强，雌花最好的授粉时间是花后3～4 d。倘若为选育新品种而做的杂交，需选择性状优良、来源清晰的植株做父母本。

（2）取花粉：用镊子或牙签向上轻轻一揭就可摘取，然后放在纸上，写上品种名称或代号。如果母株还没有开花，花粉块用纸保存好，同干燥剂一起放在瓶子里封存后，再放入冰箱冷藏室内，可以保存2~3个月，在−80 ℃下可以保存1~2年。等母株开花后取出来进行授粉即可。

（3）杂交：授粉时，先用牙签或尖头小镊子沾取柱头黏液，粘取一粒花粉块，轻轻地放在母本的柱头上，因柱头和花粉块上都有黏液，花粉在柱头上粘得牢，不必担心花粉脱落（图2.3.1）。一般授粉后不需要套袋。晴天气温较高时，授粉后结实率可达95%以上。

图 2.3.1　蝴蝶兰人工杂交授粉

（4）杂交后的管理：杂交完成后，在标签上记录交配双亲、杂交日期等，然后挂在授粉母株上。对于大部分种类的蝴蝶兰来说，授粉成功后蝴蝶兰的花瓣在第2天就会凋谢，几天后柱头开始慢慢肥大，1周后子房开始膨大。虽然蝴蝶兰种内授粉极易成功，但是为了保证授粉的成功率，有些授粉者会把花序上的每朵蝴蝶兰都进行授粉（图2.3.2），当确保蝴蝶兰授粉成功之后，对于多余的杂交而结的蒴果要尽早摘除，如果1株上留有4～5个蒴果，而且温度过低，蒴果外观上虽然变肥大，但是由于营养无

图 2.3.2　授粉后的蝴蝶兰

法达到需求，果荚内几乎没有种子。一般情况下，1株健康的植株上留1～2个蒴果比较合适。另外，在管理上一定要保持充足的水分及养分。

（5）种子的采收：一般杂交后5~6个月种子成熟，小花品种4~5个月种子成熟。依据品种的不同，蝴蝶兰的果荚由绿色转为黄色或褐色表示种子成熟（图2.3.3）。蝴蝶兰的果荚采收要及时，过早影响种子的萌发；过晚蒴果易开裂，不利于消毒（图2.3.4）。蒴果尽量在播种期间从母本上采下。用锋利的镊子剪取含花柄的蒴果，消毒后立即进行无菌播种。如果需要保存几个小时或者几天时，要用锡纸包好放在冰箱里。

图 2.3.3　蝴蝶兰果荚

图 2.3.4　蝴蝶兰果荚开裂

4. 优良品种的选择　由两个优良亲本所获得的蝴蝶兰果荚，种子数量较多，后代性状分离较大（图2.3.5），需在无菌播种的条件下进行培育，在小苗、中苗、大苗和开花株一系列的生长过程中进行优良单株的选择。为保持母本的优良性状，需采取优良单株的花序轴进行组培扩繁。扩繁后代的单株，部分留作种质资源保存以备进一步改良，部分则作为商品进行试种试销。对于各方面都表现优良的品种，可进行登录命名，进一步扩大繁殖力度。

图 2.3.5　蝴蝶兰杂交后代

5. 新品种命名与登录

（1）新品种命名：蝴蝶兰杂交种众多，为了避免混乱，保护育种者权利，兰花杂交种的命名应遵循《兰花命名与登录手册》中的有关条款：a. 可以用各国现代语言中任意想象的名称，但汉语最好用拼音，便于世界交流；b. 名称一般由1~2个字（词）构成，最多不得超过3个字（词）；c. 避免使用数字和符号；d. 避免使用太长的字（词）、夸大其词或含混不清的字（词），一般情况下不得使用冠词、缩写字和称呼；e. 避免使用常见植物的名称；f. 同一个种内的两个集体杂交种不得取相同或相近的名称；g. 不得使用亲本（不论属间或属内杂交）的附加词；h. 集体杂交种下的栽培品种不得使用集体杂交种亲本名称（附加词）合并的字作名称；i. 集体杂交种名称中不得出现“变种”或“变型”的字样。

（2）新品种登录：19世纪中叶，由于兰花人工杂交的盛行，新种的不断涌出造成品种命名的困扰。1895年英国的种苗商桑德氏首先提出设立兰花的登记制度，并与1906年出版了世界权威的《桑德氏兰花杂交名录》（*Sander's List of Orchid Hybrid*）。后来由于登录的工作量越来越大，登录工作转由英国皇家园艺学会（Royal Horticulture Society）负责。该学会设立了兰花登录机构，专门负责世界各地兰花杂交种的注册登录。

登记方法可以采用e-mail的方式进行，邮箱地址为：julianshaw@rhs.org.uk或hannahgriffits@rhs.org.uk。向英国皇家园艺学会登录杂交新品种时应提供以下资料：①父母本照片及名称；②新杂交种名称及照片；③申请人姓名及地址；④杂交日期；⑤新杂交种首次开花时间；⑥父母本花径大小；⑦新杂交种花径大小。

一般提交后1~2个月会告知是否被登录。登录后，将在英国的《兰花评论》（*The Orchid Review*）月刊上公布杂交新种名称、父母本名称及登录者姓名。此杂交新种一经登录认定，将成为永久性的名称，今后同样父母本的杂交组合必须引用此名称。

二、诱变育种

1.物理诱变　近年来通过花卉辐射育种，人们获得了很多有观赏价值的变异，包括花色、花型及其他形态变异等。应用辐射、空间诱变等手段进行蝴蝶兰新品种的培育，已有一些报道。60Co γ 射线是常见的物理诱变方法，不同剂量处理会对蝴蝶兰产生不同的效应，如处理后的蝴蝶兰有较高的光合作用和抗逆性（图2.3.6）；对于大部分蝴蝶兰来说，在其诱变后代中均出现了株高、生长势、叶形等方面的变异。用PCR（聚合酶链式反应）技术研究DNA（脱氧核糖核酸）变异频率结果表明，对于'V31'品种，适宜的处理剂量为15Gy。随着空间技术的发展与应用，已有开始通过卫星搭载进行空间诱变的报道，有望在花色、花型、抗性等方面选育出特异的新品种，为蝴蝶兰的诱变育种探索新的途径。

2.化学诱变　化学诱变在蝴蝶兰育种中探索较多的是诱导产生多倍体。染色体数目的增加经常会引起植株花径、花型、颜色、品质以及抗病性等性状的变化，其中传播最广的个体*Phalaenopsis*

图 2.3.6 蝴蝶兰“婚宴”的对照与辐射株

equestris ‘Riverbend’（桃红蝴蝶兰）就是1970年Robert J.等育种家利用秋水仙素加倍蝴蝶兰小苗染色体的方法而得来的。染色体数目增加还能创造新的倍性种质。另外，染色体数目的增加还能解决属内或属间杂种不亲和性的问题。纯黄色花系的*Phalaenopsis* golden emperor ‘Sweet’（蝴蝶兰黄帝），花型优美，但因其为三倍体，不容易通过杂交而获得后代，经100×10^{-6}的秋水仙碱处理叶片诱导出拟原球体，从中获得2个六倍体植株。近年来，开始利用新的化学诱变剂甲基磺酸乙酯（EMS）和叠氮化钠（NaN_3）对蝴蝶兰类原球茎进行诱变试验，结果发现EMS比NaN_3的诱变处理效果好。

三、基因工程育种

目前为止杂交仍是蝴蝶兰育种最有效的途径，但也存在局限性，如周期长、不能很好定向培育所希望的性状、筛选群体规模大、成本高，一些优良亲本存在杂交不亲和或不育的问题等。现代基因工程技术为蝴蝶兰的育种提供了新的途径，目前已有不少探索报道。早期蝴蝶兰成功转化的报道多用基因枪法，此法最大的优点是不受种类及品种的影响，胚、分生组织、组培细胞和花粉粒都可用于转化。Anzai等用基因枪粒子轰炸法，获得了含GUS（β-葡萄糖苷酸梅）基因的转基因蝴蝶兰植株。Liao等则将带有抗CymMV病毒基因的载体转入蝴蝶兰中，获得了抗兰花花叶病毒的蝴蝶兰植株。随着农杆菌介导的遗传转化体系机理研究的深入，在单子叶植物上应用日益广泛，在蝴蝶兰上也有成功报道。1997年，Hsieh等将蝴蝶兰类原球茎与农杆菌一起培养，发现不同品种和不同培养时间的类原球茎，GUS基因的表达效率不同，在培养10 d的蝴蝶兰‘亚洲雅莉格丝’（*Phalaenopsis* asian elegancer）原球茎中表达效率达100%，将表现GUS基因活性的组织接到含有卡那霉素100 mg/L的培养基上筛选30 d，获得转化体。特别在抗病基因转化方面已取得进展，将抗病wasabi（植保素）基因导入蝴蝶兰"Wataboushi"愈伤组织中，获得了抗软腐病等多种细菌性病害的蝴蝶兰植株；将含兰花花叶病毒的外壳蛋白基因及甜椒的铁氧还原类蛋白基因导入蝴蝶兰植株，获得了双重抗病能力的蝴蝶兰植株。

四、分子标记辅助选择育种

蝴蝶兰育种最重要的目标是花朵，从试管苗移栽到开花，少则1～2年，多则5～6年。如果用与花的性状（如花型、花色、香味等）紧密连锁的分子标记进行辅助选择，就可以在试管苗甚至在中间繁殖体阶段进行选择，从而可以大大缩短育种年限，减少工作量。如Chen等1996年对紫花蝴蝶兰（*Doritaenopsis pulcherrima*）和桃红蝴蝶兰（*Phalaenopsis equestris*）的亲本和杂种F1进行DNA扩增指纹分析（DAF），筛选到与红花色连锁的分子标记，试图对F2和回交后代进行研究，以证实与红花连锁的分子标记，为育种做准备；结合RAPD（随机扩增多态性DNA标记）技术对经过60Co γ射线处理过的5种不同形态蝴蝶兰诱变苗和对照苗进行PCR 扩增，可在苗期准确鉴定诱变苗是否为突变体，应用RAPD-PCR（随机扩增多态性DNA标记聚合酶链式反应）技术对不同剂量辐照处理过的‘V31’蝴蝶兰进行扩增，可检测出不同剂量处理的诱变苗变异的程度。由此可以看出通过分子标记辅助育种，可大大缩短鉴别时间，提高育种效率。

五、存在问题及展望

1. 种质资源是品种培育的物质基础　蝴蝶兰资源研究较少，许多资源濒临灭绝，需加大力度进行保护和研究。我国自然分布的蝴蝶兰少，多是国外引入种，品种情况较为混乱，有必要进行整理研究，建立资源库和数据库，对资源和遗传背景进行深入的评价，为育种利用提供支持。

2. 蝴蝶兰花无香味是育种难题　蝴蝶兰花大美观、花期长，但无香味，一直为育种难题。现已发现一些原生种和淡色品种具有香味，可用于培育新品种。传统蝴蝶兰育种主要侧重花色、花大小和数量等性状。今后，蝴蝶兰育种要以改良株型、增加花香和提高抗逆性为主要目标，加快新品种的研究。分子标记应用于蝴蝶兰种质资源研究的报道尚不多，采用方法比较单一，RAPD标记由于技术难度和成本都较低，使用最多，而难度和成本稍高的AFLP（扩增片段长度多态性）、ISSR（简单重复序列间区）应用较少，SSR（简单重复序列标记）的应用则未见报道。研究仅局限于种质资源遗传多样性、分类与亲缘关系以及种质资源鉴定，未见用于基因标记定位、遗传图谱构建等方面的研究。把分子标记技术与蝴蝶兰育种手段有效结合起来，有助于育种过程中杂交亲本的选配，加快对特定基因型的鉴定与选择，缩短育种周期，提高育种效率。

第三篇 蝴蝶兰栽培实用技术

第一章　蝴蝶兰的繁殖技术

蝴蝶兰是单茎性气生兰，植株很少发育侧枝，而且其种子也不含胚乳或其他组织，在自然条件下萌发率极低，这些因素直接制约了蝴蝶兰规模化生产的繁殖方式。目前，蝴蝶兰繁殖方法主要有两种：一种是有性生殖，即采取杂交结实而用种子播种的方式，也叫播种繁殖法；另一种是无性繁殖，即采用由母株分离的营养体进行繁殖，或运用先进的组织培养技术，由局部植株器官进行植株再生的方法，主要包括：花序轴催芽繁殖法、断心催芽繁殖法、切茎繁殖法和组织培养法。

一、播种繁殖

播种繁殖的前提是种子的获取。蝴蝶兰为虫媒花，在人工栽培下，必须进行人工授粉才能结实。蝴蝶兰杂交结实比较容易，在家庭栽培时，也可以尝试一下杂交，感受果实发育过程中带来的乐趣。但要注意，杂交后母株由于需要供给果荚较多营养，需要增加肥水的供给。具体的杂交结实技术参见杂交育种部分。

蝴蝶兰种子小如粉末，没有胚乳，只有一层极薄的种皮，自然状态必须借助真菌才能萌发，萌发率极低。原产地的蝴蝶兰，经过昆虫授粉结实后，果实发育成熟果荚开裂，成千上万的种子随风吹散，只有少数种子能够借助母株旁边的真菌吸取营养而萌发生长。根据蝴蝶兰的这一特性，在种植蝴蝶兰的过程中，可采用自然播种法进行蝴蝶兰的繁殖。

1. 自然播种法　将已开裂蒴果散发出来的种子播于亲本植株的花

盆中，由于亲本植株的栽培基质中或许存在有蝴蝶兰种子发芽所必需的共生菌，种子在亲本花盆中有部分萌发的概率（图3.1.1）。虽然自然播种法简单易行，无须复杂的无菌程序和操作工具，适用于一般家庭蝴蝶兰种植者，但此法成功的机会甚微，极少应用。

图 3.1.1　蝴蝶兰的自然播种幼苗

2. 无菌播种法　随着组培技术的发展，蝴蝶兰的种子可以在无菌的条件下播种于人工配制的培养基上，从而获得大量的蝴蝶兰种苗（图3.1.2）。通过种子播种获得的种苗，称为实生苗，也叫杂交苗或种子苗，虽然此法能繁育出大量优良的种苗，但遗传特征表现形式多样，是杂交育种的重要手段之一，能培育更优良、更新奇、更多花色花型的新品种，但不利于蝴蝶兰工厂化生产。进行无菌播种的关键步骤主要包括：

（1）消毒：未开裂而发育成熟的果荚，用75%乙醇仔细擦拭果荚表面及沟纹，将一些污垢和尘土擦拭干净。然后将整个果荚放入消毒过的容器中，用0.1%的氯化汞消毒8～10 min，无菌水冲洗3～5次，吸干待用。

已裂开的果荚，用消毒过的解剖刀将果荚切开，取出种子放入灭菌过的容器中，用次氯酸钠稀释10倍液消毒15 min，期间不断摇晃；然后用灭菌过的放有滤纸的漏斗进行过滤，再用无菌水冲洗2～3次即可播种。

未开裂的果荚消毒较容易，开裂的果荚污染率较高，在采摘果荚时，一定要严格把控时间，这样可以很好地降低无菌播种的污染率。

（2）播种：把蒴果放在无菌的培养皿中，用消毒过的解剖刀切开果荚，将果荚内种子或已开裂消毒好的滤纸上的种子移入有少量无菌蒸馏水的培养瓶中，轻轻摇动使之分散均匀，然后用无菌吸管将种子分移到灭菌好的培养基[花宝1号（N–P–K：7–9–16）+香蕉50 g/L+乳蛋白2 g/L+蔗糖20 g/L+琼脂8 g/L]上，并使之均匀地分布于培养基表面。也可将消毒过的果荚用解剖刀切开，直接用镊子取种子或滤纸上的种子，均匀播在上述培养基上，但均匀度不如上述方法好。

图 3.1.2　蝴蝶兰无菌播种

（3）培养：蝴蝶兰种子播种15 d左右，胚吸水膨大，逐渐突破种皮，形成鹅黄色原球茎，并慢慢转成绿色，上部有尖状突起，下部有白色吸收毛出现（图3.1.3）。一般地，50 ~ 60 d可形成1.5 ~ 2 mm的原球茎（图3.1.4）。如果原球茎生长过密，可以再进行分散播种1次。

图 3.1.3　蝴蝶兰种子萌发

播种50～60 d后长成2～3片叶的小苗，待小苗叶长到1～2 cm时，可转入小苗生长培养基中，待叶片长到3～5 cm时可出瓶种于温室（图3.1.5）。因此，蝴蝶兰播种至出瓶需6～8个月。

蝴蝶兰为叶根同生的兰花，播种后100 d左右，小苗叶长到1～2 cm时，会有幼根长出，小苗生长培养基可选用兰花常用的花宝1号，也可添加微量生根激素，以促进组培苗的生长，节约瓶苗培养时间。

图 3.1.4 蝴蝶兰原球茎

图 3.1.5 蝴蝶兰幼苗

（4）培养条件：培养条件为光照强度2 000～3 000 lx，每天10～18 h，温度保持在20～26 ℃。此法是一项科学性较强的工作，一般在组织培养实验室里进行，或在规模大、管理严格的组培工厂里进行。

（5）影响蝴蝶兰无菌萌发的主要因素：

1）不同基因型：不同杂交组合的亲本基因型不同，亲和力不同，对种子播种的发芽率和生长发育状况有很大影响。

2）激素：GA_3与IBA 0.5 mg/L、1.0 mg/L、2.0mg/L都可诱导早期萌发，IAA 0.5 mg/L可诱导早期萌发，并可显著促进其后的生长发育。NAA和2，4-D不能产生完整个体。

3）不同添加剂的影响：香蕉汁对蝴蝶兰种子发芽、原球茎形成及叶片的生长具有促进作用。MS培养基中蔗糖的含量为20 g/L时萌发最快，叶片和根的发育也好。

4）取材时间和播种密度：在果荚近成熟而尚未开裂时采摘利于消毒和其后种子的萌发。接种时要考虑发芽的群体效应，以达到最佳的发芽效果。

5）培养条件：培养温度以22～28 ℃为宜。

二、花序轴催芽繁殖法

蝴蝶兰属于单轴型兰花，正常情况下一生只有一个生长点，即只有一条主茎。但有一些品种的蝴蝶兰在花凋谢后，花序轴的节间上常能长出带根的小苗来，剪下另行种植就能长成一株新的蝴蝶兰。采用人工催芽的方法可以确保蝴蝶兰的花序轴长出花序轴苗。花序轴催芽的操作工具和药品主要有：刀片或利刃一把、棉签若干、催芽剂或吲哚丁酸或其他生长激素。操作方法：先将花序轴中已开完花的部分剪去，然后用刀片或利刃仔细地将花序轴上部第1至第3节节间的苞片切除，露出节间中的芽点；用棉签将抽枝宝、催芽剂或吲哚丁酸等激素均匀地涂抹在裸露的节间节点上；处理后将兰株置于半阴处，温度保持在25～28 ℃，2～3周后可见芽体长出叶片，3个月后长成具有3～4片叶并带有气生根的蝴蝶兰小苗，国外常称为Keiki's；切下小苗上盆，便可成为一棵新的兰株（图3.1.6）。也可以继续保持花序轴上小苗的生长，当长到一定程度时，也能抽梗开花，常称为“楼中楼”（图3.1.7）。

图 3.1.6 蝴蝶兰花序轴催芽繁殖法

图 3.1.7 蝴蝶兰“楼中楼”

三、断心催芽繁殖法

在蝴蝶兰栽培过程中我们可以发现，兰株因冻害、虫害、病害以及人为等因素而致使其生长点遭到破坏后，经过一段时间，会从兰株近基部的茎节上长出1～2个新芽。利用这一特点，我们可以采用断心催芽的方法来繁殖蝴蝶兰，只是这一方法的繁殖系数并不高。具体的操作方法是：将茎顶最高的心叶抽掉，注意要将茎尖生长点破坏，使其无法向上生长；伤口晾干或用杀菌剂涂抹消毒灭菌，经过一段时间即能在近基部的茎节上长出2～3个新芽（图3.1.8）。待新芽长大并有根系从基部长出时，就可切下另行种植，成为一棵新的植株。

图 3.1.8　蝴蝶兰断心侧芽萌发

四、切茎繁殖法

切茎繁殖法的原理与断心催芽繁殖法相同，也是破坏茎尖生长点，以诱发潜伏芽生长。蝴蝶兰植株每个叶腋处都具有潜伏芽，但一般情况下都处于休眠状态，当给予一定的条件刺激时，潜伏芽会萌发为幼苗（图3.1.9）。可待植株不断向上生长、茎节较长后，再将植株带有根的上部用消毒过的利刃或剪刀切断，植入新盆使其继续生长，下部留有根茎的部分给予适当的水分管理，不久就可萌生新芽1～3个（依植株本身的性状及管理方法而定）。切茎繁殖法一般选择栽培多年的植株，植株茎段较长者为宜，如果植株的茎较长，可考虑分切多段，只要每段有2～3节节间或长2～3 cm以上并有根1条以上者，就有可能长成一棵新的植株，但如果植株的根茎均已干枯死亡，则此法无效。

图 3.1.9 蝴蝶兰叶腋潜伏芽萌发为幼苗

五、组织培养繁殖法

蝴蝶兰属单茎性气生兰，再生能力弱，要进行大规模的商品化生产，很难进行分株繁殖，且种子无胚乳，自然条件下难以萌发，增殖系数低，难以满足日益增长的市场需求。应用植物组织培养技术进行蝴蝶兰快速繁殖可以缩短繁育周期，获得大量成株，并可以保持优良性状，维护种质资源，是蝴蝶兰快速繁殖的有效途径。早在 1949 年，Potor利用无菌培养技术成功地促使蝴蝶兰花序轴上的休眠芽发育成完整植株，该方法经过其他研究人员改进后，曾一度成为蝴蝶兰的主要无性繁殖方式。法国科学家Morel于1960年在进行兰花组培时观察到虎头兰的茎尖在无菌的培养基上能够形成扁圆形的小球体，类似于幼胚发育成的原球体，故称为“原球茎”（PLB）；Intuwong和Sagawa于1974年利用蝴蝶兰茎尖在无菌的培养基上能够形成扁圆形的小球体诱导产生了原球茎，再由原球茎分化成幼苗，形成完整的植株，为蝴蝶兰工厂化生产奠定了基础。

要进行大规模的商品化生产，快速繁殖是关键。蝴蝶兰大规模的繁殖目前有3个途径：①利用各种外植体诱导愈伤组织形成原球体，进而诱导分生苗实现快繁；②种子萌发产生实生苗；③不经愈伤组织直接诱导丛生芽。目前，蝴蝶兰的茎尖、叶片、根尖、幼嫩花序轴、花序轴腋芽、花序轴节间等外植体均可用于组织培养无性繁殖。但常用的外植体主要为花序轴和植株的叶片。

1. 花序轴培养 花序轴培养是在无菌条件下培养花序轴的茎节，使花序轴节间内的休眠芽启动向营养芽转化，尔后采用丛生芽方式直接增殖，从而不通过脱分化形成原球茎阶段，可以减少变异，保持母株优良特性，但增殖速度相对后者较慢。以花序轴来繁殖的技术主要分为五个阶段：

第一阶段：母株的选择，培养基的准备。选择品种时，要对品种的性状以及各阶段的表现及习性都了如指掌，尤其要了解其抗病性、开发性，使其各阶段都表现特优，才能加以选择；培养基要根据种苗特性做试验加以对比。

第二阶段：消毒及各阶段接种。消毒就是对选用的良种进行采芽、消毒，进行初期培养，选出最佳的繁殖方案。

第三阶段：繁殖分化期。通常要重复5～15次，循环接种就能得到足够的数量，在此过程中，由于杂菌的污染，生理性的异常失调，基因性能变异及植株活力的损失等因素都会减低繁殖分化数目，尤其以前两者影响性最大，为了缩短此繁殖时期所需要的时间，需要增加有效繁殖倍率，在每次繁殖分化期结束后，必须分割已成长植株，再移植至新的培养器内。

第四阶段：根芽生长期，进入生根阶段。根据各品种选取合适的培养基，使其生长良好，然后进入驯化。

第五阶段：驯化期。根发育好后，送入温室驯化培养。

（1）取材：蝴蝶兰为总状花序，通常由花序轴基部算起在第4或第7节才会分化花朵。除最基部一节外，剥开位于该节位以上各节的苞片都可以看到腋芽，近顶端的节含有未完全分化的花原始体，花轴基部的芽往往为休眠芽，常具有苞片覆盖，连同花序的顶端，都是花序轴腋芽组织培养的好材料。

从蝴蝶兰出现花序轴到花朵凋谢，在花序轴尚未枯黄前，都可用来作为外植体。一般在开花后再取花序轴作为培养材料，这样不仅可以了解母株的开花性状，又不损伤母株。蝴蝶兰开花后，将花序轴剪下，剥除已开放的花朵及花蕾后将花序轴切成5 cm左右长的节段，每段带1个腋芽。为了便于插入培养基中，节下半段比上半段留长一点，上半段留2 cm左右，下半段留3 cm左右（图3.1.10）。

图 3.1.10　蝴蝶兰花序轴

为防止病毒和细菌感染，在切取花序轴的前一周尽量避免肥水，保持植株干燥。切下来的花序轴如不能马上培养，可将花序轴分摊在洁净通风的房间保存。如果存放时间较长，也可以将切口处用蜡封住，并用干净的纸包起来，存放冰箱冷藏室内（4℃）待用。切记不能将准备用于组织培养的花序轴进行瓶插，以免造成细菌污染，无法进行无菌繁殖。

（2）消毒：用75%乙醇的脱脂棉球将剪成段的花序轴外表的灰尘、杂物等擦拭干净，将花序轴腋芽上的苞叶去除，并用解剖刀把节与芽相接处清除干净，置于超净工作台上，准备消毒。另外，若花序轴表面有病斑或焦枯的部分，应用解剖刀削去。

擦拭过的花序轴先放入75%的乙醇中消毒20 s，取出后放在已消毒过的培养皿中，然后放入0.1%的氯化汞中进行消毒。消毒的时间依花序轴的具体情况而不同。对于花朵盛开或花朵已凋谢的成熟花序轴，消毒时间相对较长，一般为15 ~ 18 min；对于未开花的较嫩花序轴，消毒时间可缩短为10 ~ 12 min。在消毒的过程中，需经常摇晃消毒瓶，使消毒液充分渗入各处。

不同蝴蝶兰品种，花序轴的粗细有所不同，因此消毒时间需要有所调整。倘若消毒时间过短，污染率会增加；消毒时间过长，会损伤花序轴腋芽的生长点，致使无法萌发。

消毒结束后，迅速将消毒水倒掉，用无菌水冲洗2～3次，准备接种（图3.1.11）。

经常摇晃消毒瓶　　　　无菌水冲洗花序轴

图 3.1.11　花序轴的消毒

（3）接种：将消毒好待用的花序轴放于灭菌过的解剖盘中，用解剖刀斜切花序轴的两端，上半段留约1 cm，下半段留约1.5 cm，然后将其微微倾斜插入培养基中（图3.1.12）。

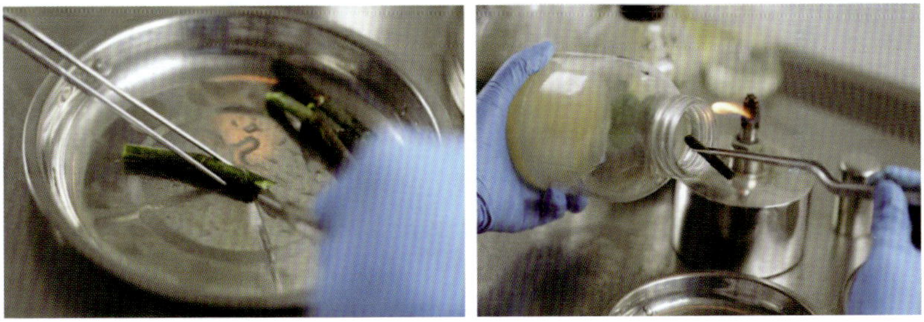

图 3.1.12　花序轴的接种

（4）培养：一般培养一周左右可见花序轴腋芽膨大并开始生长，生长快慢与培养环境条件紧密相关（图3.1.13）。

如果所取的组织节间靠近基部、培养温度过高及光线较弱，大多花序轴腋芽可长出叶并形成营养芽（图3.1.14）；如果选取的组织节位过高、培养温度较低及光照较强，部分花序轴腋芽会抽出二次花序，进行生殖生长（图3.1.15）。

图 3.1.13 蝴蝶兰花序轴诱导

图 3.1.14 蝴蝶兰花序轴腋芽营养芽诱导

图 3.1.15 蝴蝶兰花序轴腋芽二次花序诱导

根据蝴蝶兰花序轴腋芽萌发的特性，在对蝴蝶兰花序轴腋芽进行芽生芽的组织培养过程中，培养条件最关键的是光照强度与温度。一般情况下，较适宜的光照强度为20～50 μmol/（m^2·s），光照时间为每日16 h；较适宜的温度为26～28 ℃。

（5）增殖及生根壮苗：在环境适宜的条件下，花序轴腋芽接种于培养基上培养2～3个月会增殖为1～6个芽，及时将诱导的营养芽从花序轴上切下，接种于继代培养基1/3 MS+NAA 0.5 mg/L+蔗糖2%+琼脂0.7%+6-BA（6-苄氨基腺嘌呤）1 ~ 10 mg/L (pH 5.6左右)上，培养温度（26 ± 2）℃，光照强度2 000 lx，光照时间10 h/d。每40 ~ 50 d继代1次，增殖倍数2 ~ 3倍。在继代的过程中，幼苗取出的过程中需倾斜组培瓶，用枪型镊子小心取出，勿碰触瓶口（图3.1.16左图），以防污染；当继代幼苗接种瓶内后，需用火焰枪充分燃烧瓶口（图3.1.16右图），降低污染率。继代增殖的初期宜用5 ~ 10 mg/L浓度的6-BA较快地积累材料，随着继代次数的增加，特别是10代以后或变异株开始出现以后，只能用1 ~ 5 mg/L 浓度6-BA促进丛生芽的生长，并在生产中及时去除变异株。此种以芽生芽的继代方式一般不通过脱分化过程而形成愈伤组织，虽然增殖系数较低，但有利于减少变异，保持母株的特性。一般增殖继代不超过5次，继代次数过多则增加变异率。

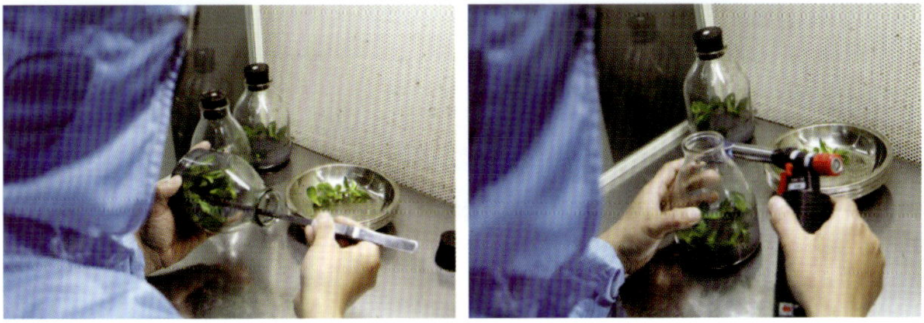

图 3.1.16　蝴蝶兰组培培养操作方法

从生芽的增殖生长表现出一定的群体效应，即当丛生芽切割成只有1 ~ 2个芽时，丛生芽的增殖大大减少，大多数1个继代周期后几乎没有增殖，但丛生芽有一定的长大。当有3 ~ 5个芽或更多时，丛生芽的增殖则较为正常（图3.1.17）。切割丛生芽时，只能将丛生芽轻轻分开，不可对丛生芽的四周进行切割，否则会因切割伤口太多而导致培养基褐化较快，不利于丛生芽的生长与分化，甚至会造成丛生芽的死亡；但是需切掉较大的叶片和已生长的根，留取中间茎部的生长点。对一些较大的芽(芽高1.5 cm以上，单轴茎直径0.5 cm以上)进行横切可以提高增殖率，横切后会在切口的下部长出一轮丛生芽，增殖率可提高3 ~ 5倍。因蝴蝶兰单轴茎较短小，在切割时对切割部位的掌握要准，否则会将芽切死或因没有切去顶芽而达不到应有的增殖率。

增殖后的幼苗转接到生根培养基上进行生根壮苗（图3.1.18），蝴蝶兰为叶根同生兰花，在生根的同时可以进行壮苗培养以节约种苗在组培室的时间。待苗长至5～6 cm，具有3～5条根时，可进行驯化后移栽于温室。

图 3.1.17　蝴蝶兰种苗增殖培养

图 3.1.18　蝴蝶兰种苗生根壮苗

2. 以叶片为外植体的组织培养方法　取叶片培养对蝴蝶兰母株伤害不大，也不受植株开花与否的限制，是较适合的培养途径。蝴蝶兰的叶片培养一般通过两种途径来进行诱导：一种是由叶片诱导原球茎增殖方式实现快速繁殖；一种是由叶片直接诱导营养芽实现快速繁殖。在组培室内由花序轴腋芽诱导的试管苗，幼叶较嫩，可以不经过表面消毒直接切取叶片进行诱导，且诱导率很高，在实际以叶片为外植体的组织培养方法中，多采用此法。

（1）外植体的准备与接种：选取生长健康、叶片肥厚的试管苗，切取叶片1 cm^2的小块接种于增殖培养基上进行培养。将切取的部位上表面朝上平放于培养基进行诱导培养。30～45 d后部分叶片开始分化，且不经过原球茎阶段，直接分化出芽，尤其是叶片的基部诱导出芽率较高，分化也较早。利用这一方法，可以周年进行诱导，极大改善生产上原材料少的限制，加快组培材料的积累。

接种的第1周一般要进行暗培养，然后设定光照强度为20～50 μmol/（m^2·s），光照时间为每日12～16 h；较适宜的温度为

26 ~ 28 ℃。

（2）类原球茎的增殖与分化：蝴蝶兰叶块接入诱导培养基30 d左右，即可发现部分切块叶片边缘有少量直径约1 mm的黄绿色类原球茎状颗粒出现；50 d后，随着培养时间延长，颗粒增多，体积膨大，叶片切口处长满原球茎状体，此外有些叶片表面还长出单个或丛生状的原球茎状体，用镊子轻轻拨动即可使原球茎与外植体分离（图3.1.19）。转移至新鲜培养基上继代增殖培养，可使原球茎无限增殖，

图 3.1.19　蝴蝶兰叶片诱导

如此反复切割继代培养，快繁无性系就建立起来了。

（3）生根与壮苗：将已出芽的类原球茎接种到生根壮苗培养基中进行培养（图3.1.20）。

图 3.1.20　蝴蝶兰叶片诱导幼苗的培养

3. 组织培养的注意事项

（1）蝴蝶兰的组织培养中，常常可以看到由组织叶片溶出褐变物质，使培养基变黑而导致失败的例子。因此与嘉德利亚兰的组织培养相同，必须先加以预防。此项褐变物质的溶出，尤其在固体培养基中最常发生，因此应迅速在培养基上移动或移植，每隔1～2周移植一次，虽然麻烦，但却是成功之秘诀。

（2）蝴蝶兰的组织培养比起其他兰的培养，每一代培养均需要高温度，尤其培养花茎腋芽时，由于花芽分化温度为25 ℃以下，如果培养温度低于此温度，会发育成花芽，因此培养温度要在26 ℃以上，最好是28 ℃。但是高温下的培养，易使较小的组织枯死。因此，先培养大芽或带有花茎的腋芽，待第一代培养成功后，再进行增殖和第二代的培养。

（3）以花茎腋芽作为外植体时，取自开花前的第4～7节的花茎最为理想。若取自开花后的老花茎，则由于污染率过高而不易成功。

（4）所欲摘取的腋芽大小，以具体可以摘去外花苞1～2片者为宜。若腋芽太小，则成活率不高。

（5）以花茎腋芽培养时，若能防止来自花茎的污染，则可以提高其成功率，故应设法为外植体表面杀菌。

附

蝴蝶兰组织培养参考培养基

（1）花序轴诱导培养基：1/2MS+2 mg/L 6–BA+0.1 mg/L NAA+10%椰汁+20 g/L蔗糖+7.5 g/L 琼脂。

（2）叶片诱导PLB培养基：MS+3.0 mg/L TDZ +20 g/L蛋白胨+10%椰汁+20%蔗糖。

（3）增殖（继代）培养基：MS+3 mg/L 6BA+3 mg/L ADE+10%椰汁+30 g/L 蔗糖+7.5 g/L 琼脂。

（4）生根壮苗培养基：MS+0.3 mg/L IBA +0.05 mg/L NAA+10%椰汁+30 g/L蔗糖+7.5 g/L 琼脂。

第二章　蝴蝶兰的种植

蝴蝶兰的生长对环境条件要求严格，规模生产往往采用设施保护栽培。蝴蝶兰通常要求在冬季能加温，夏季能降温，并且有遮阳设施的温室中栽培。

一、种植场地与设施

栽培蝴蝶兰宜选择空气流通而清新、四周多树木、水源充足的地方。最好在城市的郊区或无工业污染的农村。蝴蝶兰对各种污染十分敏感，其中空气和水的污染对蝴蝶兰栽培影响尤其严重。

（一）栽培场地选择

中国地域广阔，地跨不同的气候带，环境变化较大。规模化栽培蝴蝶兰最好选择与其原生种产地相似的地区。即哪里有野生原生种，哪里的气候就应当适于栽培该类植物。这样可以省去改善环境的花费，降低成本。这也是台湾蝴蝶兰产业发展如此迅速的原因。

蝴蝶兰属于高消费观赏花卉类型，栽培场地应尽量选择靠近消费的主要大城市、经济中心地区，可以节省长途运输等中间环节的开支。如果在稍边远的地区，则必须靠近高速公路，靠近机场或航运中心。

要求水质优良、充足；空气流通、新鲜；尽量避开有污染的工业区。森林和植被较好的浅山区是理想的地方。中国北方气候寒冷而干燥，栽培兰花必须有良好的温室。为避免增加成本，可选择能源供应较便宜又方便的地方。

（二）种植设施

蝴蝶兰幼苗由瓶苗移出后，一般需在设施内培养 15 ~ 18 个月以上才会开花，达到上市要求。因此蝴蝶兰的栽培设施必须能够根据蝴蝶兰的生长习性，控制调节其生育的环境条件（包括光线、温度、空气等），使其适合蝴蝶兰的生长。简易的遮光设施不易调控蝴蝶兰生长的环境条件，蝴蝶兰在此种环境下，生长发育不良，品质不一。高温的夏天，叶片易受强光灼伤，致软腐病及其他病害的发生；遇上寒流，若无加温设施，花蕾会黄化掉落，使兰苗失去商品价值。因此，如果选用简易温室如日光温室玻璃或 PC 板温室进行蝴蝶兰生产，必须要具有良好的保温性，同时配套加温、湿帘风机降温、外遮阳、移动苗床、保温被、水处理等设备。这类温室尽管投资少，但温室管理风险大，环境控制困难，一般不提倡使用。因此，蝴蝶兰工厂化栽培现在多采用连栋式温室和单坡向日光温室两种类型。

（1）连栋式温室：连栋温室常称为现代化温室，现代化程度比较高，土地和温室的可利用面积比例高，造价比较高，更适合大规模种植和栽培。

连栋温室应选择设施比较齐全，采光均匀，顶部以玻璃覆盖，设有天窗、水帘、风机、环流风机来增加室内的空气流动，配套外遮阳、内设多层保温。便于环境调控，生长一致性好，冬天需利用锅炉加温，能够满足蝴蝶兰规模化生产的要求（图 3.2.1）。

（2）单坡向日光温室：在秦岭以北，冬季阳光充足，十分适合发

图 3.2.1　蝴蝶兰栽培之连栋式温室

展单坡向的日光温室（图 3.2.2）。为满足蝴蝶兰的生物特性需求，建造的日光温室除主体结构外还应包括加温、遮阴、通风、降温、加湿及移动式苗床等配套设施，为蝴蝶兰生长创造一个模拟的原生态环境。

在日光温室的前基部、后墙脚及苗床下安装暖气片、热水管道等加温系统，保证冬季温室内最低温度在15 ℃以上。安装内、外遮阳网，随时根据天气情况和蝴蝶兰的不同生长阶段，通过遮阳网的开闭程度，调节光照强度。安装喷雾、水帘等加湿系统，并通过顶开窗、循环风机等加强温室内空气流通，调节温度和湿度。采用80 cm 高移动式苗床，通过沿宽度方向左右移动苗床，提高温室的空间利用率。

图 3.2.2　蝴蝶兰栽培之单坡向日光温室

二、瓶苗种植

（一）瓶苗出瓶标准

瓶苗的健壮与否，直接影响其出瓶移植后的成活率、生长势甚至抗病力。因此，选购瓶苗应格外谨慎。同一瓶内各植株生长整齐均一、叶片不徒长、下叶不黄化，这是健壮的瓶苗应该具备的条件。

蝴蝶兰的瓶苗出瓶标准为：组培苗必须无污染，叶数3～5片，叶距一般3～5 cm，叶宽1.5～2.5 cm，叶子健壮，叶色翠绿；根数3～5条，根长0.8～5 cm，根系粗壮有活力；单轴茎较明显（图3.2.3）。

图 3.2.3　蝴蝶兰组培苗

（二）炼苗

目前，蝴蝶兰种苗基本上是在人工控温、控湿和控光的培养室中通过组培方式生产出来的，培养过程中的光照、温度和湿度与自然环境条件有很大差异。为了让蝴蝶兰瓶苗顺利地从封闭稳定的培养室环境向开放变化的自然环境过渡，一般需要让其有一个适应过程，也就是我们常说的炼苗（图 3.2.4）。

炼苗最好在专门划定的场区内进行，如面积有限，可在小苗区进行，在进行炼苗之前应对炼苗场消毒，除采用 200 倍次氯酸钠对苗床和地面进行消毒外，还可采用百菌清和棚杀烟剂进行空气消毒。1 400 m^2 的蝴蝶兰生产温室内炼苗面积约为 500 m^2。

炼苗的过程就是使幼苗在被定植之前有一个适应外界环境的过程，使其生理状态从培养室内的异养状态过渡到温室内的自养状态。此阶段主要注意光照、温度、湿度三方面的管理。从培养室移出后，温度应与培养室内温度相接近，一般为 26 ℃左右，在瓶上盖双层遮阳网，光照在 1 000 lx 左右。1 周后，盖单层遮阳网，控制炼苗室光照逐渐加强至 4 000 lx，在经过 2 周左右的锻炼后，可见幼苗根茎基部颜色变绿变深，萌发新叶新根，表明幼苗已经具备适应外界环境的条件，可选择晴朗天气进行定植。

图 3.2.4　蝴蝶兰瓶苗炼苗

（三）种植时间

理论上来说，温室内的温度在 10 ~ 30 ℃时均可以出瓶种植。但气温在 15 ~ 25 ℃之间，空气湿度较大时，出瓶种植成活率较高。

大花型蝴蝶兰从瓶苗出瓶定植到养成成品需要 18 ~ 20 个月，应根据确定的出花时间推算瓶苗出瓶时间。一般供年宵使用的蝴蝶兰应于先年 8 ~ 9 月出瓶定植。

（四）出瓶种植

1. 基质的选择与准备　蝴蝶兰为典型的热带附生兰，根部要求通透气良好，栽培基质疏松、透水、透气，pH 值5.5 ~ 6.5，基质腐烂，每年须更换，否则腐烂时渗出的酸水会导致烂根；树皮虽不易腐烂，但易滋生蚂蚁；椰壳纤维具良好保水、透气、保湿和不易腐烂的优点，却易滋生病菌。选用不同栽培基质如水苔、蛇木、龙眼树皮及龙眼树皮+水苔，观察蝴蝶兰幼苗生长情况，通过苗成活率和最大叶面积两个形态指标观测，分析认为栽植在水苔、蛇木上长势良好，成活率高，叶面积较大。以苔藓、椰糠 : 泥炭 : 珍珠岩（1 : 1 : 1）、蛇木条 : 珍珠岩（8 : 2）、蛇木屑 : 珍珠岩（8 : 2）四种材料为栽培基质，统计并测定成活率、叶展、叶片数、开花抽梗状况、植株鲜重等生理生态指标，结果表明前3种适宜作为蝴蝶兰组培苗移栽基质，综合考虑到生产成本，认为苔藓为首选。目前生产上蝴蝶兰栽培基质材料的选择以水苔为主（图3.2.5），因为它不仅资源丰富，成本低，又能营造保湿透气，适合蝴蝶兰生长的良好环境。

目前，工业化生产中，栽培基质对植株的生长影响很大，尤其是幼苗阶段。多年的栽培经验和筛选试验表明水苔是蝴蝶兰最好的基质。在移苗定植前，水苔应提前浸泡4 h左右，可在浸泡水中添加高锰酸钾500倍液，以杀死基质中残存的病菌及虫卵。使用前还应脱水处理，可防小苗低温高湿烂根，脱水处理的标准是手捏出水但滴不成线，规模生产时以甩干桶操作为好。

图 3.2.5　蝴蝶兰栽培基质水苔

2. 出瓶移栽　移栽时，用长扁镊子小心地将蝴蝶兰幼苗从瓶内取出，对于较大的苗，用镊子夹住苗的根系，使苗倒过来慢慢移出，这样一般不会弄伤叶片，因根较叶片有韧性和结实，一般也不会弄断根系，总之尽量不要弄伤根和叶片（图3.2.6）。用清水将小苗上的培养基及琼脂冲洗干净，去黄叶，摘除根部黑块。

出瓶时，用0.1%高锰酸钾浸泡清洗5 min后，对幼苗进行分级（图3.2.7）。一般可分大（两叶距大于4 cm）、小（两叶距小于4 cm）两级，分级后风干叶片上的水分，就可以移栽入盆。叶距4 cm以上，有

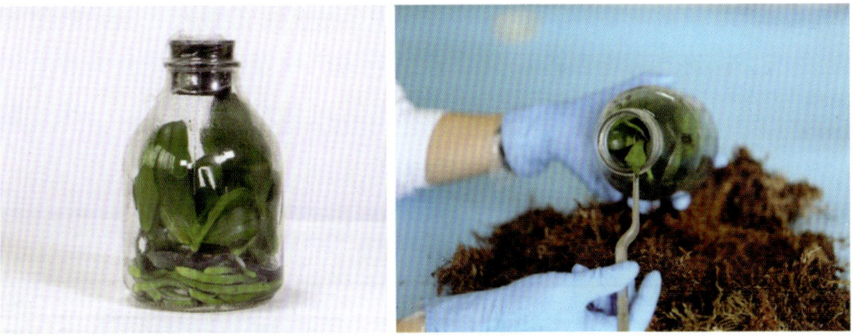

图 3.2.6　蝴蝶兰出瓶移栽

2～3条健康根系的为大苗，可种在1.5寸软盆内，叶距小于4 cm或根系不好的苗，可种到穴盘里，保证幼苗生长一致。

值得注意的是，在分级筛选时，对发育不佳或者过小的无栽培价值的植株应予丢弃。因为工厂化生产中兰苗的出瓶质量对种苗的生产管理极为重要，及时准确地舍弃可节约成本，降低病虫害传播的风险。

图 3.2.7　蝴蝶兰组培苗分级

蝴蝶兰根系具有叶绿素，可进行光合作用，可以自给自足。因此根系如果生长良好，即不需要自叶片或单茎夺取养分，因而叶片养分主要移至单茎，单茎养分可完全作为开花之用。此外根系最好的水环境是有水汽而不是水分，因此，蝴蝶兰的栽培盆器必须透明与光滑。透明可使阳光通过，根系可进行光合作用。材质光滑，使根系不易附着，因此生长成盘旋状，在有限空间内生成最多的根系，而且根部不易受伤。目前，市场上多采用1.5寸白色透明软盆或50目（目为非法定计量单位，表示每平方英寸上的孔数）的穴盘（图3.2.8），一株一盘可以避免换盆时对幼苗的根系造成损伤。

图 3.2.8　透明软盆和穴盘

当前已有蝴蝶兰移苗定植机，但受规模、价格等限制，部分生产者仍采用手工包水草方法。栽植时应注意避免伤根，要顺根包水苔，先将少量水苔置于兰根中心，使根充分伸展，外部再均匀包一层水苔，松紧适度，给根留出一些空间。注意不要栽植过深，水苔不要太紧，否则会由于苔藓吸水太多，引起蝴蝶兰根部腐烂，也不利于发根。栽培时宜浅不宜深，盆内排水应尽量畅通。定植在营养钵里可轻拔小苗，使生长点露出水苔，防止烂心（图3.2.9）。

3. 出瓶后幼苗的管理　由于移植后栽培环境湿度较大，温度适中，利于病菌的滋生，为防止病害的产生，除加强通风换气降湿外，还应结合药物防治与治疗。栽植后应立即喷洒75%百菌清500 倍液混合50%甲基托布津600倍液进行消毒处理。移苗后第10 d 再次喷施750 倍的普力克，此后每隔7 d 喷施1 次。

（1）温度：移植后的环境温度应稍高于移植前幼苗生长的环境温度，白天可控制在25 ~ 28 ℃，夜间控制在18 ~ 25 ℃。

（2）湿度：组培苗在出瓶时，瓶内湿度高达100%。所以刚出瓶的湿度须维持在85%以上，避免因空气湿度骤降造成叶片失水干枯。大部分情况下，组培苗移栽后，初期湿度维持在85% ~ 95%，较高的湿度有利于减小叶片蒸腾速率，减轻根系吸水的负担，7 d后降至60%～80%，湿度过低不利于生长，过高易造成病害流行，冬季干燥，设施内取暖期较长时应地面喷水增湿。

图 3.2.9　蝴蝶兰组培苗出瓶栽培方法

（3）光照：幼苗期光照不宜过强、瓶苗定植后、为减小叶片蒸腾速率、定植后需进行遮光管理、以保证2 000～3 000 lx 的低光，缓苗后逐步提高光强至6 000～8 000 lx，此过程需10～14 d。

（4）浇水：蝴蝶兰根为气生根，忌积水，喜透气干燥。如浇水后5～6 h盆内仍十分湿润，就易引起烂根。刚出瓶的小苗需勤补水，按干湿程度浇水，讲究见干见湿，基质表面干燥时，不要急于浇水，等内部干燥后再浇，通常7～10 d浇1次，一次性浇透。北方地区冬夏季要注意适当增减浇水量，防止水多沤根及脱水，在水温上，冬季要待水温与室温相同时再浇。浇水要在上午进行。另外，当温室内干燥时，为增加湿度，应进行叶面、地面喷水。温度低于15 ℃时，要严格控制浇水。浇水时要防止叶心积水，引起烂心，使植株死亡。

（5）施肥：蝴蝶兰对钠盐敏感，肥水EC值（可溶性盐浓度）应在0.6～0.8，刚出瓶小苗只需补水，约30 d后有新根长出并有少量新根已达盆沿时，可开始施肥，施肥间隔5～10 d，肥料配比N：P：K=20：20：20，苗期施肥时，肥料浓度应较低。随着幼苗的生长间隔7～10 d，逐渐提高施肥浓度。可用花多多平均肥（20：20：20）4 000倍液每10 d灌根1次。

三、中苗种植

（一）换盆时期

经过4个月左右，小苗长至两叶距10～15 cm，叶宽4～5 cm，叶数4～5片，叶子肥厚，叶片坚挺，叶色浓绿，叶片间已开始互相遮挡；根系较密集，有些盘旋于盆底，并有部分已长出盆外，此时为小苗的换盆适期。

（二）换盆方法

小苗换盆前应先适当控制水分。取苗时，左手拿起小苗，右手五指轻轻捏压软盆四周，使根系与盆边分开，然后右手食指及拇指捏住小苗单轴茎基部及水苔,左手五指抓住软盆下部,水平拉开取出小苗(图3.2.10)。

按瓶苗移栽里的方法备好水苔、24 cm×56 cm 15孔育苗盘及Φ7.5 cm（2.5 寸）透明软塑盆和约1 cm×1.5 cm×2 cm的泡沫粒。种植时先在软盆中放进2 ～ 3个泡沫粒，将小苗竖直植于软盆正中央，并按育苗盘对角线平行摆放，注意种后盆内水苔应低于盆沿水线（图3.2.11）。种后以结实而有弹性感为宜。

图 3.2.10　蝴蝶兰小苗取苗的方法

图 3.2.11　小苗的换盆方法

（三）中苗的肥水管理

换盆后，中苗应用稀释 3 000 倍的恶霉灵喷雾杀菌。注意水分的控制，在盆中水苔略干时，浇半透水，可选用稀释 4 000 倍的 20 ∶ 20 ∶ 20 的速溶促根肥进行浇灌。换盆 20 ~ 25 d 后，待中苗长出新根且根长达到盆际时，即可转入正常肥水管理。我们选用稀释

4 000 ～ 5 000 倍的 20 ∶ 20 ∶ 20 的速溶肥液进行浇灌。到中苗后期时，可逐渐提高肥水浓度，要求最高不得超过 3 000 倍。

换盆后当天应喷一次 1 000 倍好生灵与浓度为 150×10^{-6} ～ 200×10^{-6} 的农用硫酸链霉素混合液防病，适当控制水分，待盆中水苔较干时，可用 3 000 ～ 5 000 倍的 20 ∶ 20 ∶ 20 速效肥液浇一次半水。换盆 25 ～ 30 d 后，中苗已有新根长出，部分新根已达盆沿，此时可正常管理。待水苔较干时才浇肥，一般冬春季节及阴雨天气每 6 ～ 10 d 用 2 000 ～ 3 000 倍的 20 ∶ 20 ∶ 20 速效肥液浇一次半水，夏秋季节及晴朗天气每 5 ～ 8 d 用 2 000 ～ 3 000 倍的 20 ∶ 20 ∶ 20 速效肥液浇一次透水。小苗生长至中苗期，因生长迅速，养分需求较大，应每月间施一次 2 000 ～ 3 000 倍的 15 ∶ 20 ∶ 25 速效肥液防止氮肥过多而徒长。此外还应适当补充钙元素以增加叶片的厚度。

四、大苗种植

（一）换盆时期

中苗经4个月左右，长至两叶距16～22 cm，叶宽4～6 cm，叶片数4～6片，叶片肥厚，挺立，叶色浓绿，叶片开始互相遮挡；盆中根系已达盆底，并在盆底盘旋1～2周；有部分根已长出盆外，成为标准中苗。此时，盆中基质已不能满足其生长需要，应开始换盆。

（二）换盆方法

准备水苔，并备好 Φ10.5 cm（3.5 寸）透明软塑盆及 30 cm × 50 cm 12 孔栽培盘和 1 cm × 1.5 cm × 2 cm 泡沫粒。参照小苗取苗方法取出中苗，先在软盆中放入 3 ～ 4 个泡沫粒，将中苗竖直植于软盆的正中央，并按栽培盘宽边平行摆放，每盘 8 株，并使叶片受光面向东。注意种后盆内水苔应低于盆沿水线。种后以轻压有轻微弹性感为适度（图 3.2.12）。中苗叶片较长较嫩，换盆时应小心轻放，以免叶片受损。

（三）肥水管理

换盆后，大苗用稀释 3 000 倍的恶霉灵喷雾杀菌。注意水分的控制，在盆中水苔略干时，浇半透水，我们选用的是稀释 4 000 倍的 20 ∶ 20 ∶ 20 的速溶促根肥进行浇灌。水苔略干后，再浇施 1 次促根

图 3.2.12　蝴蝶兰大苗换盆方法

肥水。换盆 20 ～ 25 d 后，大苗长出新根且根长达到盆际时，即可转入正常肥水管理，选用稀释 3 000 ～ 5 000 倍 20 ：20 ：20 的速溶肥液进行浇灌。为防治大苗徒长，应注意株茎、叶宽和硬度，间或追浇速溶肥。

刚换盆的大苗当天应用 1 000 倍好生灵与浓度为 150×10^{-6} ～ 200×10^{-6} 的农用硫酸链霉素混合喷洒防病，适当控制水分，待水苔较干时，用

3 000 倍的 20 ： 20 ： 20 速效肥液浇一次半水。换盆 25 ～ 30 d 后，大苗已有新根长出，并有部分新根已达盆边。待水苔较干时才可以浇肥，一般冬春季节及阴雨天气每 7 ～ 10 d 用 2 000 ～ 3 000 倍的 20 ： 20 ： 20 速效肥液浇一次半水，夏秋季节及晴朗天气每 5 ～ 8 d 用 2 000 ～ 3 000 倍的 20 ： 20 ： 20 速效肥液浇一次全水。大苗横向生长较快，叶片明显增宽加厚，在夏季高温天气为防止徒长，应每月间施 1 ～ 2 次 2 000 ～ 3 000 倍的 15 ： 20 ： 25 速效肥液，同时应适当增施镁元素及钙元素等。

五、花期调控

蝴蝶兰为重要的观花植物，其开花品质和开花时间是影响其商品价值的重要因素。根据蝴蝶兰的生长习性，其必须经过一段时间的营养生长才能接受环境刺激而抽梗开花。蝴蝶兰是否已度过营养期与叶面积成高度正相关，叶面积越大，抽梗率越高，开花品质也越佳。因此，蝴蝶兰的开花品质和开花时间主要取决于品种基因型、植株成熟度和环境条件等。

（一）植株成熟度

虽然较小的植株在低温的环境条件下也能够抽梗开花，但花朵小、花数少，品质较低。要开出高品质的花，需要有健壮成熟的植株。一般大苗经过 3 ～ 4 个月，两叶距 28 ～ 35 cm，叶宽 8 ～ 10 cm，叶数 4 ～ 6 片，叶色浓绿，叶片肥厚挺立，单轴茎较饱满。盆中根系已基本饱满，根系粗壮有活力，此时已成为标准大苗，可以进行低温处理，诱导花芽（图 3.2.13）。

在生长期，对于没有达到标准的植株，若出现抽梗的现象应及时去除，并提高环境温度，进行高温抑制生殖生长的栽培。在花序轴柔软时可以人工摘除；如果花序轴已变硬，则需要借助工具。为避免某些病毒病的传播，工具和手都需要消毒。在生长期维持27 ℃的温度条件下，蝴蝶兰一般只进行营养生长，待植株达到大苗的标准时，再进行催花栽培。

（二）低温催花

图 3.2.13　蝴蝶兰催花株标准

成熟的蝴蝶兰必须接受一定的环境刺激才能启动生殖生长。目前，温度是影响蝴蝶兰营养生长向生殖生长过渡的主要环境因子，为满足人们周年对蝴蝶兰的需求，常通过人工调控蝴蝶兰栽培中的温度使其按需开花。如果一直保持高温，对花芽形成不利，不利于开花。

蝴蝶兰因品种不同，花芽分化对低温的要求也不相同。一般情况下，成龄植株昼温 25 ~ 27 ℃、夜温 18 ~ 20 ℃，昼夜温差保持在 6 ~ 8 ℃的条件下有利于花芽形成。据观察，即使是具有 3 ~ 4 片叶的中小苗，只要达到该要求的温度也能进行花芽分化而开花，但是开花的级别较低。蝴蝶兰于目标花期的前 4 ~ 5 个月进入智能温室，结束催花时间则以花芽抽出 10 ~ 15 cm 为宜。同一目标花期内，对低温敏感的品种适当推迟催花时间，不敏感的品种则适当提前催花时间。对于大部分品种来说，需要在元旦开花，7 ~ 8 月夜间温度控制在 18 ~ 20 ℃、白天 25 ~ 27 ℃，30 ~ 45 d 便形成花芽；如需要春节开花，在 8 ~ 9 月夜间温度控制在 18 ~ 20 ℃、白天 25 ~ 27 ℃，30 ~ 45 d 便形成花芽。花芽膨大之后将进行逐步分化，主要包括：

花序原基分化期：芽点刚萌出叶鞘，顶端生长锥变得圆滑肥大，向上隆起，呈半球形，此后生长锥进一步伸长增大，呈明显凸出状。苞片基部外侧略向外凸出，染色略深，表明花序原基开始形成。

小花原基分化期：芽点萌出叶鞘 2 ~ 4 cm，在不断膨大的生长锥下部周围隆起并逐渐分化产生 1 ~ 3 个椭圆形突起，即为花序中的侧花原基。随后，中央顶端突起逐渐由圆扁变扁平，形成总状花序的顶花原基。小花原基的分化时间较长，最早出现于 9 月中旬，9 月下旬达分化盛期，并一直持续到 10 月初。

萼片原基分化期：芽点萌出叶鞘 6 cm 左右，小花原基进一步增大变宽，顶部凹陷，继而从边缘分化出 3 个突起，即为萼片原基。从纵切面上看仅为 2 个萼片原基突起，每个突起逐渐发育成 1 个萼片（图 3.2.14）。

当花芽形成后，经一段时间营养生长，体内已积累大量营养物质供花芽发育，再经 3 ~ 4 个月花序轴伸长和花蕾发育后便进入开花期。

图 3.2.14　蝴蝶兰花芽发育进度

蝴蝶兰低温诱导花芽的过程实际是从营养生长到生殖生长的过渡，在过渡的前期始终保持低温是非常重要的，只有当蝴蝶兰的花芽完成了萼片原基的分化，才真正步入完全的生殖生长。倘若过早结束低温诱导的条件，蝴蝶兰的生殖生长将转化为营养生长，即发生花芽逆转为叶芽（图 3.2.15）。

图 3.2.15　蝴蝶兰花芽逆转

（三）蝴蝶兰反季节催花方式

蝴蝶兰的反季节催花，主要考虑温度和光照，使植株经受一定程度的低温，完成花芽分化。常用的低温催花方法有两种：一是高山催花，效果好、成本低、设备投入少，利用高山冷凉气候，7月上旬高山越夏，10月中旬下山，抽梗期比自然条件下栽培提早2个月左右。高山处理后的苗出花整齐，花朵生长较好，花色艳丽，但高山催花易受气候不稳定的影响，难以有效控制环境因子，导致花期不一致，且搬运花苗损耗大。二是利用空调制冷降温促花栽培，但成本较高。

随着植物生长调节剂的推广，采用一定浓度的植物生长调节剂对蝴蝶兰花芽分化进行诱导，也可以达到较好的效果。

1. 高山催花　为调控开花期，有条件的地方可于8~9月将植株移至海拔1 000 m左右的山区栽培管理1 ~ 1.5个月，能达到很好的催花效果。高山基地光照充足，昼夜温差大，日温22~28 ℃，夜温15~18 ℃，完全满足花芽形成和花序轴伸长所需的温度条件，经30~40 d促成栽培，花序轴抽出且粗壮，抽出率可达80%以上，而且整齐度良好，大大提高了蝴蝶兰的商品价值（图3.2.16）。

图3.2.16　蝴蝶兰花序轴苗

2. 空调催花　进入8月中旬，大部分植株休止叶出现，假球茎充实饱满后，利用温室两端相对应的水墙与抽风扇，将温室设施外的低温空气经过水墙加入水分子抽入室内，此外湿空气随着抽风扇运转造成气流充斥温室，吸热气化而达到降温效果。同时，依靠室内的空调，白天能使室温维持在26 ~ 28 ℃，夜温维持在18 ~ 20 ℃，日夜温差达到 8 ℃左右，并持续 4 ~ 6 周，完全可满足花芽形成所需的温度条件。并且在抽出花序轴后最好能维持上述温度。否则，花蕾的形成及生长速度都将缓慢或停止，甚至落蕾。

3. 化控催花 蝴蝶兰开花分三个阶段：花芽分化、花序轴伸长、花苞开放。一定浓度 6–BA 处理腋芽，腋芽发育成营养芽（叶芽），而与一定浓度 GA 同时处理则其腋芽发育为花芽，但小花数减少，小花或花茎的苞片成畸形。通过研究多效唑和比久对蝴蝶兰花序轴发育的影响发现，多效唑可有效控制花序轴长度而不影响开花的质量，但会使第二年花期延迟或不开花，同时产生小叶片，比久对控制花序轴长度影响不大。用一定浓度 GA 涂抹蝴蝶兰花蕾，结果促进了发育，提早开花。

（四）花期管理

1. 温度 蝴蝶兰花期适宜的生长温度为20 ~ 28 ℃，低于5 ℃会冻死，长期处于10 ℃时生长受抑制，造成体内生理缺水，逐渐黄叶、枯萎，最后死亡。温度达28 ℃以上时需要通风散热。如果温度过高，昼夜温差低于5 ℃时，对气生根生长不利，会使气生根无法吸水，易造成生理缺水。另外，夜温高会使蝴蝶兰呼吸作用强，导致能量消耗多，造成营养不良，如此持续一段时间会引起蝴蝶兰“黄包”现象，即花蕾变干变黄，花朵无法打开。因此，晴天中午温度过高要注意搞好通风，可采用开天窗、风扇、遮阳、水帘、地面喷水等措施降低温度，冬季注意增温和保温。对于已开花植株，为延长开花期，应放置在温度相对低的地方，但温度不能低于15 ℃，否则花瓣上易产生锈样斑点。

2. 光照 对*Phalaenopsis amabilis*于25/20 ℃下催花，给予高光积值(每天大于1.1 mol/m^2)者，无论前期营养生长的温度光照如何，其抽梗率均达100%，且多抽双梗；若催花期间给予低光，虽营养生长期采用高光栽培，抽梗率亦降至20%以下，花朵数极少，多抽单梗，催花前高温高光者，甚至不抽梗。蝴蝶兰抽梗前无论给予高光或低光，抽梗后光度相同者，花序发育速率及花朵数相近；抽梗后高光［300 μmol/（m^2·s）］，花序发育快，花朵数多，低光［23 μmol/

［ $m^2 \cdot s$ ）］则反之。故降温催花前期光度会影响抽梗率及花序轴数，高光抽梗率高，花序轴数多；抽梗后光度则决定花序发育速率及花朵数多寡，高光花序发育快，花朵数多。植株抽梗数主要受光强度影响，抽梗、开花天数、花朵数等则受光照期、光强度及二者互作的影响。

因此，光照强度在蝴蝶兰花芽诱导过程中，起到非常重要的作用。一般 20 000 ~ 25 000 lx 为宜。如果光照不足，会致使值株生长纤弱，花蕾少、花朵小。如果长时间光照直射，叶片和花瓣都易被灼伤而导致枯萎。所以要通过遮光率不同的遮光网来调节光照，一般夏季遮光 70% 左右，春、秋季遮光 40% ~ 50%，冬季遮光 20% ~ 30%，阴天要全部打开遮光网。

3. 湿度　蝴蝶兰花期要求空气湿度保持在 70% ~ 80%。一般来说蝴蝶兰根部忌积水，喜通风干燥，如水过多易引起烂根，通常浇水后 5 ~ 6 h 内盆内仍十分湿就会引起烂根。

在蝴蝶兰花芽分化期，应适当控制水分，保持基质干燥，降低细胞自由水含量，提高细胞浓度，抑制延缓茎叶生长，可促进花芽分化，促其早开花。当栽培基质表面已变干，盆面呈白色时再浇水。当气温低于 15 ℃时要少浇水，冬季开花期只要不是室温太低，一旦看到盆栽基质表面变白、变干就应及时浇水。夜间禁止将水喷洒到叶片、花朵上。

4. 施肥　蝴蝶兰花芽的形成与植株体内的营养状态密切相关，当植株体内的碳 / 氮比率偏高时，由营养生长转为生殖生长较容易，且植株易开花。因此，在生产上可通过合理施肥抑制或延续蝴蝶兰的茎叶生长，提早并促进其花芽形成和发育。每年的 2 ~ 6 月为蝴蝶兰的营养生长期，以施氮肥为主，配合适量的磷、钾肥，促进茎叶健壮。而 7 ~ 8 月应人为控制其由营养生长向生殖生长转化，增施磷、钾肥，减少氮肥的用量，促进花芽分化，肥料可改用氮：磷：钾为 10 ：30 ：20 的花多多肥料 2 000 倍液，并结合每周叶面喷施 1 次磷酸二氢钾 2 000 倍液。氮肥的施用必须在 8 月底前结束，磷肥的施用则需在 9 月底前结束。

蝴蝶兰的施肥应掌握淡肥勤施的原则，施肥宜选择晴朗天气进行。

5. 通风 蝴蝶兰喜通风透气好的环境，忌闷热、高温。高湿和通风不良易造成蝴蝶兰细菌性软腐病和心腐病的发生，而且植株、花序轴生长不良。冬季气温低，一般在中午通风 10 ～ 15 min。

6. 栽培 花序轴株要整齐摆放，让叶片南北伸展。当花序轴长至 15 ～ 20 cm 时，需要开始夹花序轴，具体操作为：①用 75 ～ 90 cm 包塑铁线从花序轴的后面竖直插入花盆中，并用花夹轻轻固定花序轴较硬部分，使花枝竖直向上生长。②当花枝上可见 4 ～ 6 朵花苞时，将铁线从第一朵花或侧枝下约 4 cm 处向前弯曲，末端微向下伸展，用夹子将花枝固定在铁线上，使花朵有较好的向光性。

7. 消蕾现象 消蕾是催花当中常见的一种现象，它会对蝴蝶兰观赏和销售带来很大的影响，经过观察和研究，发现其产生的原因主要有以下几点：

（1）温度骤变，花蕾基部出现离层。

（2）光照不适宜，过强的光照以及剧烈的不均衡变化均会导致消蕾。另外，多云、阴雨天气，因光照的不足造成有机酮化物在各花蕾上的重新分配而致使部分落蕾现象发生。

（3）湿度过低引起花蕾萎缩，发育迟缓，而后逐步消蕾。

（4）根系坏死，营养和水分缺乏，花蕾发育停止而产生消蕾。

（5）病虫危害，如红蜘蛛、长尾粉蚧均会造成花器停止发育，诱其消蕾。

要控制消蕾的产生及危害，只要根据以上病因对症下药，一定会减少其发生的频率，降低损失，从而带来销售上的更大利润。

（三）成品出售

蝴蝶兰从开第一朵花起应适当减少施肥量，当水苔微干时，可用 3 000 ～ 5 000 倍的 15 ∶ 20 ∶ 25 速效肥液半水浇灌，保持基质湿润。开花期光照强度宜设置为 15 000 ～ 20 000 lx，温度宜 18 ～ 30 ℃，湿度宜 60% ～ 80%。开花期浇水、施肥及喷药时，应尽量避免肥液、药液喷溅到花朵上影响开花质量。注意避免基质过干，根系受损及冷风吹拂，防止枯蕾现象的发生。

植株叶数 4 ～ 7 片，叶片坚挺；花序轴粗壮，花朵数 8 ～ 12 朵；

花朵向光性良好，间距有序，花瓣厚实，坚挺，花色鲜艳，花朵直径 9 ~ 11 cm，8 朵花以上占 80%，10 朵花以上占 15%，7 朵花以下占 5%；根系粗壮，没有烂根现象。植株 1/4 以上花朵绽放后，对蝴蝶兰进行

图 3.2.17　待出售的蝴蝶兰开花株

分级出售（图 3.2.17）。

六、蝴蝶兰切花生产

国内的切花销售大部分是因无法掌握蝴蝶兰花期，致使开花后无法出售，因此用切花生产取代盆花销售，以解决温室内成熟大苗的积存难题。实际上，蝴蝶兰盆花与切花是不同的生产理念。从品种选择开始，栽培计划、开花管理与采收包装，切花与盆花都有着许多不同。

1. 选择标准　选择切花品种最重要的标准是：花序轴数量，颜色，产品优质率，尽量少的分枝，花序轴的粗度、强度，花序轴和花朵的发育、花型，植株的发育状况，叶序，采后耐贮性与瓶插寿命等。特别是最后一项，要重点考虑，因为蝴蝶兰瓶插寿命的遗传差异较大，可以从5天到6周以上不等。除了这些主要的，在评价时还有许多次要的选择标准要考虑，如生产过程中的植株损失率与抗病能力等。

2. 生长阶段　开始栽培时，和盆栽植株一样，小一些的植株或分级较小的小苗被栽培在一起。大型品种和较大等级可放置成方形。合适的盆间距很重要，可以避免长成又细又长的叶片。植株太过拥挤会

因光照、营养和水分的减少而停止生长，这意味着生长将会出现不一致。当植株发育到 4 或 5 片叶子时，就可移植到 15 ～ 17 cm 盆中，盆的摆放间距此时可以固定。具有较大叶长的品种所需的间距比那些株型紧密的品种要大。容器放置在开敞苗床上，大盆还可以放在网状苗床上，以保证通风良好。活动苗床要好于固定苗床。活动苗床的宽度要小于 1.6 m，高度要适当，以便于切花工作的进行。在植株长到足够大，且具有良好根系时，就可以作为开花株了。

⑥. 开花阶段　每平方米平均有 20 株植株。从小苗到商业生产一般需要 5 年。为了得到高质量的产品，在开始切花前确保植株营养生长足够和根系发育良好非常重要。那些株型较小或根系发育不完全的植株，花序轴较短而且花朵较小，瓶插寿命也不会太长，至下次抽梗所需的时间也更长。

植株具有 5 片成熟叶片时可进行催花。当植株完全成熟而且经历一段过渡时期会自然抽出花序轴。轻微胁迫也会诱导开花。在不调节温度的情况下，从 40 周（秋天）自然催花，到第二年 2 月或 3 月即可出售。调节温度和光照强度可以控制花期。花序轴上的所有花蕾除最后一朵其他都开放时即可收获（这可表明花的新鲜度）。大约在花茎基部 3 节处剪下花枝。第 2 支花序轴从余下的花芽发出，一般是顶芽。也可以剪下整个花序轴，新的花序轴将从基部发出，但花序轴发育所需时间比从花芽发育要长。采用哪种方法取决于所需的花序轴品质和销售计划。除了第 1 支花序轴，只要植株的状况良好，第二次可有 2 支花序轴形成。平均每株每年大概可产 2.5 支花序轴。花序轴抽出后用吊绳保持直立以避免扭曲变形。

附：

蝴蝶兰各生长阶段标准

瓶苗：进行严格的分级筛选。2 ~ 3片叶，叶尖距3 ~ 5 cm，根长3 ~ 4 cm，生长势旺盛的无菌、无毒苗（图3.2.18）。

1.5寸小苗：栽培3.5 ~ 4.5个月，双叶展开12 cm以上，根系良好，生长健康，适应能力强，无病害（图3.2.19）。

2.5寸中苗：栽培8个月以上，双叶展开距18 ~ 20 cm，叶片数达4

图 3.2.18　蝴蝶兰瓶苗

图 3.2.19　蝴蝶兰 1.5 寸小苗

片，根系密集，叶片厚实坚挺，无病害（图3.2.20）。

3.5寸大苗：栽培12个月以上，两叶距28～35 cm，叶宽8～10 cm，叶数4～6片，叶色浓绿，叶片肥厚挺立，单轴茎较饱满。盆中根系已基本饱满，根系粗壮有活力（图3.2.21）。

图 3.2.20　蝴蝶兰 2.5 寸中苗

图 3.2.21　蝴蝶兰 3.5 寸大苗

抽梗苗：3.5寸大苗经过3～4个月，叶腋有1 支花序轴抽出，花序轴10 cm以上，梗径粗长、长势良好，叶片挺拔健康，假球茎饱满，无病虫害（图3.2.22）。

开花株：栽培18个月以上的大苗开花株，叶片5～7片，植株健壮，叶片肥大，根系发达，花序轴粗壮，花瓣厚实，花形硕大圆润，着色均匀密致，花序大，排列整齐，花期持久，向光性良好（图3.2.23）。

3.2.22　蝴蝶兰抽梗苗

3.2.23　蝴蝶兰开花株

蝴蝶兰的生产流程如图3.2.24所示。

3.2.24　蝴蝶兰生产流程

第三章　蝴蝶兰的包装与运输

一、蝴蝶兰栽培株的包装

蝴蝶兰整个生长过程从无菌播种组培苗的出瓶栽种到开花出售共分为 6 个生长阶段：瓶苗期、小苗期、中苗期、大苗期、抽梗期及开花期。

1. 瓶苗的包装　包装纸箱规格（51.0×41.0×35.0）cm。瓶苗用组培玻璃瓶培养，每瓶 13 株，每箱 40 瓶。瓶间用折叠纸板方格隔开，上下层用纸板隔开，防止运输碰烂（图 3.3.1）。

3.3.1　蝴蝶兰瓶苗的包装

2. 小苗的包装　用（75.0×52.0×14.5）cm 纸箱包装。每箱 300 株。包装时将苗平放，叶片按上下或左右同方向排列，分 8 排 3 层（每层有 4 排 12 株 / 排，有 4 排 13 株 / 排）重叠，花盆底部贴近宽边。

3. 中苗的包装　用（75.0 × 52.0 × 29.0）cm 纸箱包装，每箱 144 株，分 4 排 4 层重叠，叶片按上下或左右方向排列，花盆底部贴近宽边，并用透明胶带固定。

4. 大苗的包装　用（75.0 × 52.0 × 29.0）cm 纸箱按每箱 48 株包装，包装时将苗平放，叶片按上下或左右方向排列，分 2 排 3 层重叠，花盆底部贴近长边，并用透明胶带固定。

5. 花序轴株的包装　包装前先将抽梗苗按花序轴长短分级，并用开孔三角薄膜袋套住以保护花序轴芽及叶片。20 cm 内的抽梗苗用（75.0 × 52.0 × 29.0）cm 纸箱按每箱 48 株进行包装，包装时将苗平放，叶片按上下或左右方向排列，分 2 排 3 层重叠，花盆底部贴近长边，并用透明胶带将植株固定。花序轴芽超过 20 cm 的苗按每箱 36 株包装，花盆底部贴近宽边，包装方法同上（图 3.3.2）。

3.3.2　蝴蝶兰抽梗苗的包装

6. 开花株的包装　开花株由于花朵盛开，包装时应特别小心以免折断花枝或折伤花朵。用（111.0 × 45.0 × 21.0）cm 开孔纸箱包装，每箱 20 株。包装时花盆底部贴近宽边，叶片左右排列，纸箱内部上、下及花朵重叠处用干净软纸隔开，植株及花枝用胶带固定。分 2 排 2 层重叠。每 3 箱用（115.0 × 47.5 × 65.0）cm 的纸箱包装成 1 箱，每箱 60 株，以方便运输（图 3.3.3）。

3.3.3　蝴蝶兰开花株的包装

二、蝴蝶兰的运输

使用盆花专用运输车，盆花包装完毕后，紧密排列在运输箱或纸箱内，分层放置在车厢内，注意不要倒置和挤压。

长途运输过程中温度≥ 10℃，湿度保持 60% ～ 75%。

三、蝴蝶兰运输损耗

1. 损耗原因　蝴蝶兰运输后损耗的原因包括软腐病、黄叶病、叶片黄化、脱落、折压伤等，这些现象严重的苗株必须丢弃，成为损耗，寒害严重者亦会造成损耗。此外心叶白化普遍发生，轻度寒害时有产生，但是栽培后大多能恢复正常。

早期苗株黄叶、落叶是损耗的主因，这部分大都可以由苗株处理及控制运输条件如温、湿度及包装来降低。现在病害（黄叶病、软腐病）

成为损耗的主因。病害可以利用较低的温度与湿度来控制，但是主要还是受栽培影响。

蝴蝶兰开花株的运输损耗原因主要是花朵与花苞老化以及包装伤害。

2. 影响损耗的因素　影响损耗的因素包括品种、苗株质量、苗株处理、包装、运输温度、运输湿度、运输时间等。这些因素的影响是相互变动的，例如苗株健壮病害少，用纸箱包装，以略高的温度、湿度运输后损耗仍然很低。有些苗株容易罹病，就很需要注意利用低温及包装来减少病腐。

（1）品种：品种和长途贮运能力有关，在多次的运输过程中，常可发现一个货柜内众多的品种中，某些品种腐损率特别高。有些品种在运输后，腐损率低，但抽梗率下降，亦可能不适合长途运输。不同品种对低温耐性不同，有些品种常因低温运输过程中产生寒害导致损耗。

（2）苗株品质：同一品种来自不同的兰园，其寒害严重性以及贮运后腐损率可能差异很大。成熟度低的苗株，贮运后损耗率可能比成熟度高的还低，但后续开花品质较低。来自病害发生多的栽培温室苗株，贮运后腐损率较高。

（3）苗株处理：苗株处理包括干旱驯化、杀虫及清理等，其中干旱处理对运输腐损影响很大，干旱处理常以断水处理2～4周，使水苔尽量干燥。水苔湿度高会提高运输湿度，增加黄叶及病腐。水苔湿度高也会加速心叶白化程度。

（4）运输温度：运输温度低可以减少病腐及黄叶落叶，温度太低又会引起寒害，目前运输温度大多设定于18~20 ℃，也有17 ℃或21 ℃者，依来源、品种、运输时间而修正。

（5）运输湿度：运输湿度会影响腐损，在一些湿度控制不是很好的货柜，湿度常会偏高，可以使用通气性好的包装来改善。运输湿度以选择货柜种类及通风量的大小来调节，通风量大小对货柜湿度的影响由外界环境所决定，包括季节、路线、天气等，通风量大小也会影响货柜湿度的稳定性，因此通风量也不能开太大。包装对湿度影响很大，纸箱包装相对湿度通常会高于95%，塑料篮或台车则可有效地减少湿度的累积。

四、切花保鲜与贮运

蝴蝶兰花序轴修长，适合做切花使用，在市场上属于高档切花。如切下的花序轴不作任何处理，几天就会枯萎。从温室切下花序轴运到市场，再到花店制成花束、胸花，一般需要 2 ~ 3 d 时间，所以一定要经过处理，以延长蝴蝶兰切花的寿命。

1. 保鲜处理方法 蝴蝶兰切花采收后，应立即用 0.5 ~ 2.0 mmol/L 的硫代硫酸银（STS）处理 2 h，再用 2×10^{-4} 的 8–HQS（8– 羟基喹啉硫酸盐）+2% 蔗糖配成的保鲜液套管保鲜。一般经过这样处理的蝴蝶兰切花，其瓶插寿命可以达到 1 个月以上。

为了避免蝴蝶兰茎腐病的发生及提高瓶插寿命，在采收前 3 日，可用 5×10^{-5} ~ 50×10^{-5} 硝酸银溶液喷洒叶及花茎。注意不要喷到花朵上。

2. 包装方法 包装的好坏直接影响到蝴蝶兰的切花品质。以塑料套简单单支包装并以太空棉作衬垫的效果较好，可使切花瓶插寿命显著提高（图 3.3.4）。就瓶插寿命而言，不加任何处理时，蝴蝶兰瓶插寿命仅有 24 d；垫压太空棉后，平均寿命 35 d 左右。垫压太空棉再预冷处理及使用保鲜液者，切花瓶插寿命高达 40 d。用太空棉作垫衬材料时，因太空棉有保温效果，所以宜进行遇冷处理，操作也应在凉快

3.3.4 蝴蝶兰切花包装

的室内进行。

3. 贮运温度　切花于采后套上含水的保鲜管，置于不同温度的冷藏室下 7 d 之后，取出放入室温 20 ~ 22 ℃内单支瓶插于去离子水中，结果显示，瓶插寿命以 5 ℃处理最短，约 12 d；以 12 ℃者寿命最长，约 30 d；10 ℃虽然也有很长的瓶插寿命，但其切花品质并不佳，瓶插 25 d 已无品质极优的切花；而于 12 ℃及 15 ℃下仍有 40% 的切花处于品质极佳状态，且无品质极差的切花。存放于 20 ℃的切花瓶插寿命及品质均低。因此，蝴蝶兰切花贮放或长期运输时最佳的温度为 12 ~ 15 ℃。10 ℃以下及 20 ℃以上的温度均会降低切花品质及瓶插寿命。

4. 销售　蝴蝶兰切花包装盒采用（100 × 15 × 11.5）cm 的尺寸。因每支花序轴的花数不同，通常每盒 25 ~ 30 朵花。

第四章　蝴蝶兰常见病虫害及防治

一、蝴蝶兰病虫害的综合防治

在蝴蝶兰的引种和栽培管理中，病虫害防治是不可缺少的一部分，要科学合理地进行养护管理和病虫害综合防治。蝴蝶兰携带有害生物种类较多，组分复杂。随着蝴蝶兰产业的发展和国际交流的增多，蝴蝶兰受生物危害的风险增加。蝴蝶兰在人工栽培中，如果管理不力，会减弱蝴蝶兰对病虫的抵抗能力，其病虫害的发生比自然条件下更加严重。蝴蝶兰病虫害在高温、高湿、低温、低湿或阳光不足、空气不洁、通风不良等环境条件下经常发生，蝴蝶兰一旦受到病虫的侵害，其损伤往往具有不可恢复性，直接影响了蝴蝶兰的观赏价值和经济价值，严重时还会导致整株死亡。因此，在蝴蝶兰病虫害治理时，必须认真贯彻“预防为主，科学防控，依法治理，促进健康”的园林植保方针。凡是影响蝴蝶兰健康生长的因素都要加入病虫害的综合治理之列。通过植物检疫、园艺措施、物理防治、药剂防治等的综合运用，消灭病虫源，改善环境条件，提高植株的抗性，控制病虫传播途径，将病虫防治工作做到治早、治少，有效控制蝴蝶兰病虫害的发生，保障蝴蝶兰健康生长。

（一）加强植物检疫，杜绝病虫害的人为传播

蝴蝶兰在引种过程中，存在蝴蝶兰携带有害生物异地传播的风险，威胁引入地的生态安全。因此，蝴蝶兰引种必须严格执行植物检疫程序，新引入的植物材料必须经过严格的消毒处置后方可移入蝴蝶兰栽培室。在蝴蝶兰隔离圃种植一个生长周期，确定带有检疫病虫的植株应立即

处理，经检疫部门复检确定无病虫异常后方可移入正常栽培区。对引种蝴蝶兰进行全面检疫，从源头杜绝蝴蝶兰病虫害的人为传播。

（二）改善园艺栽培设施，促进蝴蝶兰健康生长

蝴蝶兰种类繁多，生物学特性差异很大，如蝴蝶兰‘大辣椒’，特别是其老叶，在高温高湿的条件下极易出现蜜露，但同样条件下栽培的蝴蝶兰‘双龙’则未见蜜露现象出现（图 3.4.1）。蝴蝶兰的栽培要遵循仿生栽培的原则，通过各种园艺设施，创造与原生态条件相近的适生环境。改善栽培环境的不利因素，提高植株的抗逆性是病虫害预防的根本。

新叶　　功能叶　　老叶

蝴蝶兰‘大辣椒’　蝴蝶兰‘双龙’　蝴蝶兰‘大辣椒’　蝴蝶兰‘双龙’　蝴蝶兰‘大辣椒’　蝴蝶兰‘双龙’

图 3.4.1　蝴蝶兰‘大辣椒’与‘双龙’叶片对比

蝴蝶兰‘大辣椒’产生蜜露的主要原因是病毒阻塞纤维管束，导致局部坏死，进而影响水代谢以及其他正常的新陈代谢，兰苗体内的糖分通过气孔或者水孔排出，糖分被空气中的病原体感染产生灰霉病等病害。

日常管理要精细化，切断病虫传播途径。如建立蝴蝶兰隔离种植区，为新引进的蝴蝶兰、零星发病较重的兰株、疑似病毒病的兰株提供独立的空间环境。加强对盆具、栽培基质等的消毒处理，病虫源消灭后方可使用。特别是剪刀等工具使用过程中，要及时进行消毒，至少在修剪下一株前一定要消毒。搞好环境卫生，每天检查病虫发生情

况，及时清理有病虫害的植株、杂草和病残叶并集中销毁，每 2 周用 400 ~ 500 倍漂白粉水溶液喷洒大棚内外地面，保持栽培场所干净无菌。

（三）物理防治

（1）高温处理法：对栽培基质进行高温彻底消毒。

（2）防虫网阻隔法：温室的入口、透风口、窗户等处安装防虫网，设置人工隔离屏障，阻止室外的蚜虫、潜蝇、夜蛾类害虫进入。

（3）色板诱杀法：在温室内悬挂黄色诱虫板，监测诱杀蚜虫、粉虱和蓟马等成虫（图 3.4.2）。

（4）诱饵诱杀法：如堆放菜叶引诱蝴蝶兰的食叶害虫蜗牛、蛞蝓等，清晨集中清理消灭。

图 3.4.2　蝴蝶兰温室捕虫黄板

（四）药剂防治

在蝴蝶兰病虫害发生初期或病害易发期，无公害的生物农药是药剂防治的首选，必要时采用化学农药进行补充。在农药使用时需要注意以下 4 方面：

1. 在药剂防治前，明确防治对象，根据其发生发展情况进行对症选药、适时用药　在病害易发生期喷施保护性杀菌剂可避免或减少病菌侵染蝴蝶兰，预防病害发生。一般在容易发病的 5 ~ 10 月，半个月一次交替用药进行预防。蝴蝶兰病害一般冬季发生较少，炎热夏季发生较多，因此夏季及高温天气可适当增加喷药次数。在发病初期使用治疗性杀菌剂效果最佳。杀虫剂宜在害虫危害初期使用，根据害虫、虫态的发生情况，选择正确的药剂适期用药。

2. 根据病虫的不同发生部位，正确施药　针对病虫害的不同发生部位可以选择不同的施药方式，如经土壤传播的病害和根部虫害可采用药液灌根的防治办法；叶背附着的害虫需要做到叶片背面药液均匀附着才能达到最佳的防治效果。稀释使用时要严格按照农药说明上的使用浓度进行配置，切不可随意加大浓度。两次施药间隔时间要根据农药的持效期合理安排。

3. 在病虫害药剂防治过程中，注意交替用药、科学混药　选用作用机制不同而防治范围相同的农药，按照农药间隔期交替使用，可延缓病虫抗药性的产生，提高防治效果。农药使用前要仔细阅读农药说明，混用农药之前一定要先进行小面积的试验，防治效果好、无药害时方可大面积喷施。农药展着剂与农药的混合应用，增强了农药在蝴蝶兰植株上的均匀附着程度，且药膜耐雨水冲刷，降低了农药的用量，节约成本，提高药效，减少污染。如农用有机硅、倍倍佳、矿物油等已经作为增效剂广泛地应用于植物病虫害的药剂防治工作中。

4. 在使用农药时，不可忽视用药安全　选购正规厂家生产的合格农药，不使用国家明令禁止的高毒高残留农药，尽量减少使用化学农药，多选用无污染、无残留生物农药防治蝴蝶兰病虫害。喷施农药时应避开大风、强光和高温时段以免对蝴蝶兰产生药害，影响施药效果。施药操作人员需要穿着防护服装、佩戴口罩、帽子做好自我防护，确保喷药人员安全。防止出现中毒、环境污染和兰株药害。

二、蝴蝶兰常见病害及防治

（一）真菌病害

寄生在蝴蝶兰上的真菌以菌丝体在植株细胞间或穿过细胞扩展蔓延，从而导致兰株发生真菌病害，引起蝴蝶兰植株出现变色、坏死、枯萎、腐烂、畸形等病状；一般后期感病部位上会伴有真菌形成的霉状物、粉状物、锈状物、粒状物、絮状物等病征。蝴蝶兰常见的真菌性病害主要有炭疽病、白绢病、疫病、灰霉病。

1. 炭疽病

（1）发生时期：多发于高温高湿、通风不良、植株抗性弱以及施肥浇水不当时，如栽培过密或梅雨季节及台风过后。

（2）主要症状：主要危害老叶及生长不良的植株叶片或花器，初期在叶尖、叶缘上产生淡褐色凹陷和小斑点，以后斑点逐渐扩大成圆形或融合成不规则病斑。病斑外围呈黑褐色，中间灰褐色，其中轮生有黑褐色或粉红色同心圆状小点，可见明显的轮纹，严重时病斑中央干枯坏死，呈现坏疽脱落穿孔现象（图3.4.3）。

图 3.4.3　蝴蝶兰炭疽病

（3）防治方法：一是改善温室通风和光照条件，避免温度过高或过低和强光直射；二是控制室内相对湿度，排除积水；三是调整植物摆放密度，控制氮肥用量，适当增加磷钾肥用量，施用锌肥，增加叶片厚度，增强植株抗病能力，防止疫病侵入；四是及时剪除和清除病株（叶）残体，并用50%福美双500倍液或50%赛达生500倍液或1∶1∶160倍波尔多液进行保护；五是药剂防治，病前或病初可用65%代森锰锌800倍液或75%百菌清800倍液喷雾防治，每周1次，连喷3次。病害发生后，可用50%多菌灵或50%托布津500倍液，以及炭疽净或普力克800倍液喷雾，每7～10 d 1次，共2～3次。

2. 白绢病

（1）发病时期：在高温多湿时靠近基部的茎部极易发生。主要是由于对寄生在栽培基质(水苔)及花钵上的病菌消毒不彻底，加上温室内温度高、湿度大，有利于病菌的繁衍滋生；另外，浇灌用水不洁净或浇水时水滴四溅，加速了病害蔓延。

（2）主要症状：危害蝴蝶兰幼苗至成株茎基部及根部，病菌可感染根及叶片，造成根腐及叶片软腐。初期在根茎处产生水渍状黄褐色斑点及斑纹，与软腐病初期为害症状难以区别。后期病斑扩大变褐腐烂，高湿条件下栽培基质（水苔）上易长出白色绢状菌丝、鼠粪状菌核，而后产生褐色菌核颗粒，病株逐渐干枯死亡（图3.4.4）。

（3）防治方法：一是用蒸气对水苔进行杀菌，用0.2%～0.5%高锰酸钾或50%多菌灵可湿性粉剂1 500倍液对花钵进行彻底消毒；二是调整水苔的pH至6.5～6.8，可抑制病菌的滋生；三是高温高湿季节，加强通风透光，降低室内湿度；四是使用消毒过的浇灌器具进行喷水，并防止水滴飞溅；五是及时清除染病植株（叶）并集中烧毁；六是药剂防治，可用1∶1∶200的波尔多液、80%代森锰锌800倍液或五氯硝基苯1 000倍液喷施；也可施用50% 福多宁1 000 倍液，或75% 灭普宁2 000 倍液，每周喷1 次，连续3～5 周。

图 3.4.4　蝴蝶兰白绢病

3. 疫病

（1）发病时期：水分是传播病菌的最主要途径，由根的先端及根茎处侵入。多见于瓶苗出瓶、移植及植株换盆移动时，在通风不良、湿度过高时发病最严重。连续使用没有消毒的工具进行分株，可能传播病原菌，而分株造成的伤口，则是病菌最容易侵入的通道。温室中的蜗牛、蛞蝓等害虫可以携带与传播病菌。

（2）主要症状：植株各部位均可发病，侵入幼苗时速度快及发病率高，一般刚出瓶的幼苗染病时，呈淡褐色水浸状斑，病斑迅速扩展，3～5 d内即可造成全株死亡，死亡植株呈淡褐色，并不软化水解。初生水浸状褐色小斑点，而后病斑向上下部位扩展，造成叶片黄化、脱落与全株凋萎枯死（图3.4.5）。患病植株死亡后，病菌一般以孢子、菌丝残存在栽培介质（水苔、树皮）、盆钵、台架与寄主残体中，最长可存活1～2年。上述病菌残体，可能成为诱发疫病的感染源。

图 3.4.5 蝴蝶兰疫病

（3）防治方法：一是预防。预防重于治疗，一旦患病后，几乎无法根治，最好能保持一个没有病原菌存在的环境。在温室内种植蝴蝶兰，应严格控制室内相对湿度，保持通风良好、光照充足。湿度超过90%是疫病发生的直接原因。栽培介质及工具要进行严格的消毒灭菌处理。瓶苗移植时，要洗净培养基，必须喷施杀菌剂。温室内的步道和台架要定期用漂白粉进行消毒。避免氮肥使用量过多，以减少植株因徒长而被感染。患病严重的温室应隔离病株，并停止使用喷雾设备，避免病害扩散。二是化学防治。初发现病株时，可选择下列药剂喷施或灌根。①喷雾：40%疫霜灵可湿性粉剂500倍液、64%杀毒矾可湿性粉剂500倍液、77.2%普力克水剂800倍液、58%甲霜灵锰锌可湿性粉剂500倍液、72%克露600倍液，每隔7～10 d喷一次，连续3次，施药后7 d内不宜对病株喷水。②灌根：60%乙膦铝可湿性粉剂500倍液或40%甲霜铜可湿性粉剂500倍液，每株灌药液250 mL。

4. 灰霉病 灰霉病是最常见的一种病害，尤其是在冬春季温室培植的兰花，兰花生长期间任何部位都会遭受灰霉病的危害，引起兰花落花、落叶，不仅不利于开花，还会严重影响其观赏价值。

（1）发病时期：养兰温室及花盆内残留的病残体，藏匿着大量的病原物，遇到适宜的温度和湿度条件，病菌孢子就会萌发，成为初次侵染源。病害发生时，产生的大量分生孢子会在温室内，借气流、雨水、灌溉水和人工操作接触等传播。冬春季节在温室里种植兰花，因温室内的温、湿度都符合该病发生条件，即温度在18~25 ℃，相对湿度在90%左右时，最容易引起灰霉病的发生与流行。如果空气湿度长期处在较高阶段，就容易发病，发病后扩散速度也快；反之，病害发生和扩散也会较慢。在种植兰花的温室里，如果兰盆摆放过密，或者排水不畅，通风不良，或氮肥施用过多，造成生长的兰株组织柔嫩，抗病性下降，都容易引起兰花灰霉病的流行与危害。

（2）主要症状：主要危害兰花的花朵、花序轴、叶片、萼片等部位。叶片被害时主要可见到褐色的病团不均匀地分布在叶背面，影响叶片的光合作用，因而使兰花生长不良。花瓣及花萼感染病菌时，初期在花瓣及花萼萼片上出现水渍状、半透明小斑点，随后病斑变褐并逐渐扩大为圆形斑块，病斑相互融合（图3.4.6）。发病后期整个花朵呈黑褐色，边缘粉红色，腐烂、枯萎。花序轴遭病菌侵染后，早期出现水渍状小斑点，后逐渐发展成黑褐色圆形至长椭圆形病斑，病斑略凹陷，病斑扩大至花序轴一周时，花朵即枯死。从花朵受害到脱落，斑点数量逐渐增多，在白色系列品种的花朵上，受害后出现的病斑更为醒目。早期遭受侵害的兰花，花朵会提早凋萎，花苞干枯，早期开放的兰花最易遭受灰霉病的侵害。

（3）防治方法：主要有以下几种方法。

一是选用栽培基质。蝴蝶兰是附生兰，为肉质气生根。因此选择基质要求疏松、通气，并有一定的保肥性。常用的基质为混炭藓、水

图 3.4.6 蝴蝶兰灰霉病

苔、椰糠或松树皮。底肥用腐熟的农家肥，能被根慢慢地吸收，肥效长。经常使用的是液体肥，稀释1 500~2 000倍液。在这样的基质中栽培的兰花生长健壮，抗病性强，一般很少发病。

二是注意兰室清洁。平时养兰之地，要注意清洁卫生，尽量去除周围的枯枝落叶。进入冬春季节，将兰盆搬进室内时，应事先将室内清扫，随时清除病花、病叶，并用石灰水消毒，尽量减少侵染病原物，降低病原物基数。

三是加强管理。养植兰花，一定要加强管理，精心养护，特别注意室内温湿度的变化和及时调剂。密切注意兰花的生长情况，定期检查，发现病花、病叶，应及时采取措施，将初次发病的盆兰仔细用塑料袋封闭包扎，连盆一起带到室外处理，不得再放回温室，减少病原物侵染，对防止蔓延有一定效果。冬春季节温室栽培的兰花，应根据天气情况，适当放风处理，通风降湿，避免热害、冷害。

四是发病初期，要及时摘除发病部位，集中烧毁。同时用 50% 代森锰锌可湿性粉剂 500 倍液或 50% 多菌灵可湿性粉剂，对整盆喷洒消毒灭菌预防。兰花在摆放时不可过密，盆与盆之间要有一定距离，留足空间，让其通风透光。棚室内浇水要做到“见干见湿”，防止积水及造成室内湿度增大。平时对兰花管理要仔细，尽量减少兰株伤口，防止病菌从伤口侵入。

五是药剂防治。平日注意用药预防，可用50%腐霉利（扑灭宁）可湿性粉剂2 000~2 500倍液，或70%甲基硫菌灵（甲基多保净）可湿性粉剂2 500倍液喷雾预防。在病害发生初期，可用50%速克灵可湿性粉剂1 500倍液、50%扑海因可湿性粉剂1 200倍液、50%乙烯菌核利可湿性粉剂1 000倍液、65%抗霉威可湿性粉剂1 500倍液进行防治。在开花期喷药保护，使兰花花朵生长不受侵染。可在开花初期喷施50%腐霉利（扑灭宁）可湿性粉剂2 000倍液，或50%异菌脲（依普同）可湿性粉剂1 500倍液，每隔15~20 d喷一次药。当花发病后，立即用腐霉利（速克灵）2 000倍液，每隔7 d喷淋一次。以上药剂在选用时，要注意轮换使用，选择其中1~2种，使用后再换用另外的药剂，防止产生抗药性。

5. 煤烟病

（1）发病时期：病菌以菌丝体、分生孢子、子囊孢子在病叶上越冬，以介壳虫、蚜虫或粉虱等为媒介，通过风雨、浇水等形式传播。一般发生在一些特殊品种中。在管理粗放的棚室，栽培时通风不良、光照较强时易发生，有时光照强度低也会发生，成株叶片也较易发生。

（2）主要症状：成株叶片的叶缘初期分泌汁液，被介壳虫、蚜虫或粉虱等寄生的叶片、叶背、花序轴及花朵也会因虫体分泌蜜露而感染煤烟病菌，使叶缘汁液变成黑褐色。病菌以这些害虫的分泌物或排泄物为营养进行繁殖，引发叶表局部煤灰色，手摸有黏着感（图3.4.7）。虽然煤烟病是表生菌，对蝴蝶兰无直接危害，但叶表的菌丝会影响其光合作用和叶片的美观。

（3）防治方法：一是选育抗病品种，加强通风，控制和消灭介壳虫、蚜虫和粉虱等害虫；二是每隔10 d喷施1次5° Be石硫合剂，连喷2次，可预防此病发生；三是发病初期可将煤污用湿布擦去，严重时可施用50%扑灭宁可湿性粉剂2 000倍液或50%益发灵可湿性粉剂1 000倍液或23.7%依普同（福元精）水粉剂1 000倍液的药剂防治，每隔2 ~ 4周喷施1次。

（二）细菌性病害

1. 软腐病

（1）发生时期：蝴蝶兰软腐病一年四季均可发生，但在冬季，

图 3.4.7　蝴蝶兰烟煤病

即所谓蝴蝶兰休眠季节发生较轻。多发生在高温多湿环境中，寄生在栽培基质（本地用水苔）上的病菌存活期长；温室内温度高、湿度大，有利于病菌的繁衍滋生；浇灌用水不洁净或浇水时水滴四溅，加速病害蔓延。

（2）主要症状：病斑可发生于植株的任何部位，一般情况下叶片特别是叶柄基部较多，发生于叶片上的病斑，初为水渍状小点，后迅速扩大，呈椭圆形或圆形病斑，病斑向外扩展速度平均为5～10 cm/d，2～3 d后全叶软腐溃烂，如不及时采取防治措施，病部可向其他叶片和根区蔓延，引起全株腐烂死亡（图3.4.8）。

（3）防治方法：蝴蝶兰软腐病的防治，栽培防治是基础，药剂防治是保证，两个方面都很重要。栽培防治方面，要求改善栽培设施，特别是遮光、降温、通气设施。遮光、降温、通气条件好，能形成一个有利于兰花生长发育而不利于病害繁殖、侵害的生态条件。这样蝴蝶兰生长旺盛，抵抗力增加，而病害发生发展又处于一种相对被抑制的状态，病害就可得到有效控制。主要防治要点包括：

1）及时处理发病植株，减少传染源。处理发病植株的方法是：首先剪去发病部位或组织，一般从病斑边缘5～10 cm的病健交界处剪除，因为5～10 cm 内虽无明显症状表现，但属于中毒层，内已潜伏病菌。病部剪除后，在剪口处用高浓度药剂涂抹处理，即用杀菌剂77%

图 3.4.8　蝴蝶兰软腐病

可杀得101可湿性粉剂4 000 mg/kg 液或72%农用链霉素4 000 mg/kg 液涂抹，这样可及时阻断病害的进一步扩展。试验证明，通过这一方法处理，97%以上的病斑不再扩展。而不做这种阻断处理的对照，很快连根带叶全部软腐死亡。对有些重病病株，甚至叶片全部感病的植株，全部剪去病叶后，在基部浸注20 mg/L的6–BA（6–苄氨基腺嘌呤）+10 mg/L的GA（赤霉素）处理，1个月内大部分可萌发新芽，挽回部分损失。

2）喷药保护试验。共选用8 种供试药剂，在病害流行季节的6月份，每周喷药1次，以链霉素400万u+15 kg水作对照，1个月后发现使用下列药剂及配方喷雾，防治效果明显，即：①青枯清（惠阳通化有限公司产）600倍液。②青枯净（深圳瑞德丰农药有限公司产）500 倍液。③20%叶枯宁可湿性粉剂（浙江东风农药厂产）400倍液。④青枯清1 000 倍液13 kg+ 链霉素200万u。⑤77%可杀得101 可湿性粉剂2 000 mg/kg液。⑥75%百菌清可湿性粉剂2 000 mg/kg 液。注意：喷药时间上午较好，下午或傍晚不宜喷药，否则晚上叶面保持水层，会有利于病害的侵入。

3）加强肥水管理。幼苗期，多施磷钾肥，少施或不施氮肥，使之生长迅速，植株健壮，增强抗逆性或抗病性，也可叶面喷施磷酸二氢钾，提高叶片质量，以达到提高幼苗抗病性的效果。

4）防止机械伤口传染。软腐病可通过工具传播，在剪除病部组织时如不及时对工具进行消毒清洗，用此工具又去接触其他植株时，工具上的病菌会从伤口侵入而感染其他蝴蝶兰。特别强调，避免利用山泉水直接浇灌，山泉水看似清洁，其实含细砂较多，在水流冲击下，砂粒极易造成蝴蝶兰叶表伤口，利于病害传染，又最容易被忽略，因此，山泉水一定要通过沉淀或过滤后再用于浇花。

2. 细菌性褐斑病

（1）发生时期：该病与软腐病的发病诱因、发病盛期非常相近，病菌潜伏期和侵染期均较长，相对软腐病的为害稍小，但小苗及因未及时阻止病情扩展导致植株生长点受害也会造成植株迅速死亡。

（2）主要症状：多发生在叶片上，病菌可以感染各龄期蝴蝶兰叶片的不同部位。病症有坏疽斑、水浸状斑2种。叶片感病后首先出现水浸状小斑点，以后逐渐扩大成褐色、暗褐色或黑色不规则凹陷坏疽斑，周围具有明显黄晕（图3.4.9）。有的感染会进一步扩展，呈现不同形状的褐色大型水浸状斑，若病斑破裂，可见乳白色菌脓溢出，患病叶片最后黄化干枯，病势如扩展到生长点，则导致整株死亡。幼苗遭受感染后迅速软腐而坏死。该病与软腐病的不同之处，一是叶片感病组织不软化，仍保持固有姿态及质感；二是触破水浸状病斑会有乳白色菌脓溢出。

（3）防治方法：一是栽培防治。要注意水草的消毒，彻底清除感病组织及残体并及时涂抹百菌清粉和肥皂粉，尤其应避免叶片积水和对叶片造成伤口，改善通风透光条件，减少氮肥用量，增加磷、钾

图 3.4.9　蝴蝶兰细菌性褐斑病

肥用量。二是化学防治。要注意该病对农用链霉素产生的抗性，发病初期用10%多抗霉素80倍液或50%退菌特可湿性粉剂800倍液或20%叶枯宁可湿性粉剂400倍液喷洒，每10 d喷1次，共2 ~ 3次，以后可用等量式波尔多液进行保护，每半月1次。

（三）病毒病

兰花病毒病是一种系统性侵染病害。兰花一旦感染病毒，全株都可携带病毒粒子，病毒与兰花的细胞遗传物质结合在一起生长复制，很难用药物直接去除，被称为兰花的“癌症”。病毒侵染植株后在植株体内循环，植物体内除了生长点附近的少数细胞外，全身几乎所有细胞均会有病毒存在。因此，使用药剂无法有效地治疗和去除蝴蝶兰的病毒性病害。

蝴蝶兰病毒的传播主要是通过伤口经过植物体内汁液进行传播，在蝴蝶兰生产过程中主要是人为传播导致的。蝴蝶兰产业规模化后，采用组织培养技术进行种苗快速繁殖的技术加速了病毒的全面蔓延；而世界上各地区的贸易交流及运输网络的加强，更是兰花病毒全球分布的主要因素。在生产中，蝴蝶兰叶片经常由于感染病毒而产生枯斑、褪绿、坏死现象，使植株矮化、畸形，花朵变色，这些都将严重影响蝴蝶兰产业的发展。目前，共有29种感染兰科的病毒已被报道，被列为检疫性病毒的主要有齿兰环斑病毒（Odontoglossum ringspot virus，ORSV）、建兰花叶病毒（Cymbidium mosaic virus，CyMV）、石斛兰花叶病毒（Dendrobium mosaic potyvirus，DenMV）、建兰环斑病毒（Cymdium ringspottombus virus, CyRSV）等，其中，ORSV 与CyMV为长期困扰蝴蝶兰的主要病毒，且经常发生复合感染的情况。

1. 建兰花叶病毒病　建兰花叶病毒又名兰花花叶病毒，隶属线形病毒科马铃薯X病毒属。病毒粒体线状，大小为480 nm × 13 nm。

（1）主要症状：感染建兰花叶病毒的蝴蝶兰，叶片发生花叶和坏死。主要表现有黄绿斑驳，褪绿黄化伴有褐色坏死斑（图3.4.10）；有些受害部位角质层消失，叶面粗糙，凹陷脱水，出现褐色或黑褐色坏死斑，植株生长力下降。

（2）传播途径：病毒汁液借由桃蚜、园艺工具、栽培操作过程的伤口感染传播。带病植株盆下流出的水及清洗病株的水也可传播。CyMV可随蝴蝶兰种子传播。病毒粒子室温下的体外保毒期为7～30 d。

2. 齿兰环斑病毒病 齿兰环斑病毒属烟草花叶病毒属(Tobamovirus)的单链RNA病毒。病毒粒体杆状，大小为300 nm × 18 nm。

图 3.4.10 蝴蝶兰建兰花叶病毒病

（1）主要症状：叶片病症表现为环斑、花叶、坏死，常见的有嵌纹、斑纹、黄化条纹、环斑、花色条斑等多种情况（图3.4.11）。蝴蝶兰品种被齿兰环斑病毒感染后，在第一次开花后才会渐渐表现出症状，并不会马上显示。

图 3.4.11 蝴蝶兰齿兰环斑病毒病

（2）传播途径：通过伤口传染是齿兰环斑病毒传播的主要途径，因此，与病株直接接触、使用被病株污染过的器具等都可能传播该病毒。如汁液可以借助园艺操作、伤口或摩擦等传播。病毒的潜伏期可达1年之久，长期处于隐性状态。

3. 蝴蝶兰病毒病常见症状 蝴蝶兰主要的病毒类型是建兰花叶病毒（CyMV）和齿兰环斑病毒（ORSV）。影响病毒表现的主要因素是光照强度、温度（昼夜温差）等。一般情况下，蝴蝶兰病毒病通常表现出以下症状。

一是变色，由于营养物质被病毒利用或者病毒造成维管束坏死，阻碍营养物质运输，叶片的叶绿素形成受阻或积累，从而使花、叶出现斑点、环斑和黄化等病症，花朵的花青素也可因而改变，花色变成白色条纹状或者白色闪射状。

二是局部组织坏死。兰苗对病毒的过敏性反应导致细胞或组织死亡，变成枯黄色或褐色，有时兰苗叶片会出现凹陷。

三是变异畸形。兰株的正常新陈代谢受到干扰，体内生长素和其他激素生成，蝴蝶兰‘大辣椒’产生蜜露的主要原因是病毒阻塞纤维管束，导致局部坏死，进而影响水代谢以及其他正常的新陈代谢，兰苗体内的糖分通过气孔或者水孔排出，糖分被空气中的病原体感染产生灰霉病等病害。

由于病毒不会被植株正常的新陈代谢消耗掉，所以‘大辣椒’的切梗苗不建议再进行生产，任何兰苗基本都含有各种各样的病毒，只是不显现出来。所以，在选择健康种苗的同时，加强兰园管理和环境控制尤其重要。

4. 脱除病毒的主要技术手段

（1）热处理脱毒法：是根据蝴蝶兰和病毒对高温忍耐程度的不同实现的。部分病毒在连续的高温下会失去活性，病毒含量下降。主要有高温空气处理和热水浸泡两种。热水浸泡多用于休眠芽的处理，更常用的方法是热空气处理，即将感病植物用 35~38 ℃热空气处理 2~4 周或者更长时间，可以达到脱毒的目的。热处理可直接对外植体的母株进行处理，也可以对试管苗进行处理。

热处理的缺陷是只能脱掉部分病毒。热处理温度理论上是越高越好，以蝴蝶兰植株能够忍受为限度。蝴蝶兰可以用处于休眠期的种球进行热处理，如此可以很大程度上降低种球生长点中的病毒含量。对于蝴蝶兰来说，热处理的温度上限一般为 38 ℃，开始处理时的温度一般为 30~32 ℃，然后每隔 1 d 上升 1 ℃，使蝴蝶兰的植株慢慢适应，直至 38 ℃后，保持该温度处理 4 周，热处理期间培养箱的相对湿度保持在 80% 以上，每天保持光照 16 h，光照强度保持在 3 000~5 000 lx。

（2）茎尖培养脱毒技术：植物茎尖组织培养脱毒技术主要理论依据一是植物细胞的全能性，即一切植物含有该植物全套遗传基因，具有形成完整植株的能力；二是植物病毒在寄主体内分布不均匀，植物根尖和茎尖组织中病毒含量极低或不能发现病毒。

茎尖培养对于蝴蝶兰优良苗木的快速繁殖、工厂化育苗以及脱毒和无毒苗的培育都具有重要意义。茎尖外植体的大小对苗木的脱毒率和分化率均有很大的影响，研究表明脱毒率与茎尖外植体的大小成反比，而茎尖分化率与茎尖外植体的大小成正比。茎尖外植体越小，脱毒成功的可能性越大，但再生植株的能力变小；相反，茎尖外植体越大，再生植株能力大，但脱毒成功的可能性变小。

（3）茎尖培养与热处理相结合脱毒法：比较好的培育无病毒苗木的方法为热处理和茎尖培养相结合，尤其对于一些单独使用茎尖培养或热处理难以脱除的植物病毒，此种方法更显重要。首先通过热处理达到使病毒钝化的目的，就可切取较大的茎尖外植体。热处理结合茎尖培养可将脱毒率提高 30%~40%，所取茎尖大小一般为 0.5~2.0 mm。蝴蝶兰球茎在 33~37 ℃下热处理 4 周，然后采用带 2~3 个叶原基的茎尖作为外植体，脱毒率比对照（未经热处理，只培养茎尖）提高 23%~26%。

（4）茎尖微体嫁接脱毒法：茎尖微体嫁接技术是指将不含有病毒的茎尖（2个叶原基的分生组织），转移到无菌条件下发育成的下胚轴上，并与下胚轴的输导组织紧密连接在一起，愈合生长成为完整的植株。接穗越大微体嫁接成活的可能性越大，相反接穗越小则微体嫁接的可能性越小，而接穗越大获得脱毒植株的可能性越小，接穗越小却越有可能获得脱毒植株，这是一对矛盾，同时也证明接穗茎尖的大小和取样的时间是影响微体嫁接成活的主要因素。微体嫁接技术难度较大，不容易掌握。但是，随着对无病毒苗木需求量的不断增加，预计在不久的将来，微体嫁接技术像茎尖分生组织培养一样，将会有很大的发展。

（5）抗病毒剂脱毒技术：抗病毒化学药剂可以抑制病毒核酸和蛋白质的合成，或者改变寄主的代谢方式，由此可以阻止病毒的复制。利用这种方法能够在不同程度上脱除植物病毒。目前常用的抗病毒药剂主要包括氨基酸、抗生素以及嘌呤和嘧啶类似物等，这些抗病毒药剂可不同程度地抑制植物体内病毒的复制，但尚不能完全使病毒失活。采用抗病毒药剂结合茎尖培养的方法，可以较容易地脱除植物病毒。这种方法操作比较容易，对于茎尖外植体的大小要求不严，茎尖外植体甚至可以大于1 mm，也能培育出脱毒苗，因此容易成苗，提高存活率。

化学试剂处理与植物组织培养技术结合起来往往会取得较好的脱毒效果，通常的做法是：首先取待处理材料的茎尖外植体，然后进行离体培养(培养基里加入抗病毒剂)，经过一段时间的继代培养后，将组织培养无根苗在无抗病毒剂的培养基上继续培养，最后进行病毒检测，将阴性单株保留下来即可。

（6）超低温冷冻脱毒法：超低温冷冻脱毒法是利用超低温达到高效脱除病毒的方法。该方法基本过程是先将外植体预处理后放在液态氮中进行冷冻处理，然后经解冻等过程，达到脱毒的目的。该方法的基本原理是：植物顶端细胞的胞液中水分含量较大，经过超低温(−80℃以下)处理形成冰晶而使细胞死亡，其含有的病毒也随之死亡，而分生组织由于细胞质浓，水分含量很少，具有抗冻性强的特点，这样经过液氮处理后，筛选由分生组织分化来的组培苗即可得到脱毒的再生个体。

相比传统脱毒，超低温冷冻脱毒法有以下两个明显优点：①由该法培养的组培苗，无毒百分率明显高于传统方法；②由该法培养的组培苗，无毒百分率与茎尖大小相关性不大，而传统方法培育的组培苗脱毒效果与茎尖大小呈显著的相关性，茎尖越小脱毒效果越好，反之则差，如超低温脱毒法培养的茎尖外植体在2 mm长度内均可达到几乎相似的脱毒效果，而传统方法要想获得较好的脱毒效果，茎尖外植体长度一般要控制在0.2~0.5 mm范围内。因此，目前来看超低温冷冻脱毒法是最有效的获得无毒植株的方法，该法为应用植物组织培养技术培育无毒苗开辟了一条全新的道路。

（7）植物病毒交叉保护技术：该方法属于植物病毒生物防治领域。植物病毒交叉保护技术是由Mckinney等首先发现的，它们在试验中观察到用病毒的弱毒株系先行接种外植体，然后再用病毒的强毒株系接种外植体，这时外植体表现出对强毒株系的抗性，即不表现病毒侵染的特异症状，使植株得到了强有力的保护，这是由于病毒弱毒株系的代谢产物抑制了强毒株系的复制。

（8）抗病毒育种：培育抗病毒新品种是防治病毒病为害最有效和最根本的途径。目前应用最多的是通过转移病毒外壳蛋白基因培育抗病毒新品种，通过转基因的技术手段用载体将病毒的外壳蛋白基因转移到外植体内，从而抑制病毒的复制，实现抗病毒的目的。为了提高基因工程抗病毒品种的抗病毒效果，最好是应用多基因同时转移到植物体内的策略，如可以同时将外壳蛋白基因、运动蛋白基因等一起转移到植物中，这样可以大大提高转基因新品种对病毒的抗性和持久性，也可使新品种抵抗病毒的范围大大拓展。因此，抗病毒育种也是今后防治病毒病主要的发展方向。

5. 蝴蝶兰病毒的具体防范措施 近几年蝴蝶兰市场旺盛的需求刺激了蝴蝶兰的大量生产，但同时一些单位却忽视了生产的管理和培训，使得蝴蝶兰在组织培养、栽培生产、销售运输等过程中大多没有进行严格的病毒防治，造成蝴蝶兰病毒污染较为普遍。因此，蝴蝶兰病毒广泛分布的最主要根源是从业人员对病毒检疫的忽视及防范意识的淡薄。蝴蝶兰的病毒重在预防，具体可从蝴蝶兰育种、组织培养、栽培生产、销售运输 4 个方面实施。

（1）育种：蝴蝶兰新品种选育过程中，应严格去劣、去杂，从而保证推广品种的纯正。育种过程中应注意的具体操作措施：①在管理亲本时，亲本间必须隔离，不能相互接触，以免交叉感染；②杂交授粉时选择的父本、母本必须为无病毒植株；③在引进亲本时，要先隔离观察，再进行病毒检测，确定无病毒后再放入亲本区；④亲本植床在使用前要用6 %的氢氧化钠溶液喷洒消毒；⑤亲本区及亲本植株必须固定，不能随意移动；⑥采果荚、修剪病株或凋谢花序轴时必须用消毒的剪刀，而且每株更换一次剪刀；⑦成熟果荚在无菌操作台上播种时，每个果荚 套操作工具，不得重复使用，播种时，必须在种子成熟期采收。无菌播种时，种毛不要播下，即直接拍打种子进入培养基瓶。

（2）组织培养：植物组织培养技术实现了蝴蝶兰行业的工厂化生产，并且不受地域、季节限制，一年四季可连续生产从而达到了快速扩繁的目的。组培生产过程中，无菌接种是在不断地切割苗株，从而也不断地创造了伤口，给病毒的传播创造了无限机会。因此，组培无菌操作中的病毒防控是保障蝴蝶兰无病毒健康种苗的关键环节。组织培养中应注意的具体操作措施如下：

1）组培快繁时，外植体的植株要经过病毒检测，确定为无病毒植株时才可以使用。

2）超净工作台在使用前要用紫外线灯照射至少15 min，使用过程中经常用75%的乙醇表面消毒，每做完一个品种要用0.5%的次氯酸钠溶液擦拭工作台表面。

3）无菌接种操作中不能出现不同瓶内苗子混种的操作，只能一瓶种出几瓶，且一瓶一瓶开瓶接种，不能混合开瓶。

4）若发现瓶苗异常现象，如病斑、黄斑、条纹等要及时做出判断和调整。

5）确定是无病毒的品种和未确定是无病毒的品种需分区域接种，并且接种工具要严格区分。

6）无病毒品种的组培苗最好定期取样做无病毒检测，以保证各个品种无病毒的品质。

7）组培接种时，剪刀、镊子、手术刀等金属工具要高温高压灭菌或者火烤灭菌消毒。

8）组培在采取外植体时，务必每株换一把剪刀（剪刀要用6%的氢氧化钠溶液浸泡1 min以上，再用清水冲洗干净）。

9）组培接种人员必须每操作 1 瓶苗至少更换一次工具和接种盘，每做完一个品种要对所有器械彻底灭菌。

（3）栽培生产：蝴蝶兰栽培过程中，病毒的传播受很多因素影响，但主要都是人为疏忽的因素，所以栽培人员的素质培训必须深入，病毒防范在工作中时刻谨记。栽培生产中应注意的具体操作措施如下：

1）蝴蝶兰栽培时，要选择无病毒的种苗。

2）组培苗出瓶时，镊子不能碰伤瓶苗的叶片和根系；不要集中用清水冲洗，而且操作者的手要经常用流水清洗。

3）蝴蝶兰栽培中用的工具（如镊子、剪刀、软盆、植架、瓷盆）必须要经过消毒才可以用，而且要每瓶或每株换一次工具。

4）栽培过程中不要随意挪动植床上的苗，以免根部或叶片损伤；温室浇水和施肥要逐盆浇水，防止水珠溅到其他盆中。

5）蝴蝶兰栽培中，有病毒或有伤口的植株要单独集中摆放或者将病株集中销毁。

6）在温室巡视中，不要随意用手去触摸植株，触摸后要马上用肥皂洗手。

7）蝴蝶兰换盆时要逐一进行，不可脱盆一堆然后集中换盆，谨防接触污染。

8）温室内外卫生必须整洁干净，温室外杂草要及时铲除，温室内外要有严密的防虫网，以免昆虫啃食植株造成病毒的传播。

9）植床清空后要用消毒水（1%的次氯酸钠溶液）喷洒植床上下。

10）能接触到植株的喷头、水管要经常用消毒水擦拭。

11）不用已使用过的水草，水草要经过高温（80℃以上）消毒30 min以上才可以使用。

12）旧的组培瓶、软盆、穴盘、植架必须用1%的次氯酸钠浸泡300 min以上，再用清水冲洗、晾干后方可使用。

13）温室内发现昆虫，必须立即处理掉。

14）温室空置期要用消毒水消毒并高温闷棚。

15）病毒植物尽量做销毁处理，若放置隔离区，隔离区与正常苗区操作也要分开做。

16）防止参观人员随意触碰植株和随意在植床间走动，以免其无意间碰伤植株、传播病毒。

17）蝴蝶兰栽培中要控制种植密度，以叶片互相触碰为宜。

（4）销售运输：蝴蝶兰在销售运输中，在包装和拆装过程中，病毒防范也不容忽视。销售运输中应注意的具体操作措施如下：

1）蝴蝶兰种苗或者成花在包装中，品种间尽量不要混放。

2）蝴蝶兰的叶片、根系、花序轴、花瓣在包装中不能过分挤压，以免造成伤口。

3）在拆箱中，若发现植株有损伤，应将损伤植株隔离放置。杜绝伤口，也就杜绝了病毒传播的可能。

因此必须加强防范，严防出现伤口的一切可能性，切断病毒传播的途径。要保证蝴蝶兰植株健康无病毒，就需要蝴蝶兰各个环节的从业人员有较高的病毒防范意识。防范病毒最直接的办法就是在蝴蝶兰的接触和生产过程中，小心操作，尽量减少伤口出现的概率。一旦造成伤口，必须及时隔离控制。因此，在蝴蝶兰生产中建立严格的规范制度，实现生产过程的标准化和规范化，可以大大降低病毒污染的可能性。

三、蝴蝶兰常见虫害及防治

1. 介壳虫 介壳虫是蝴蝶兰最常见的害虫，群集而生，成虫和幼虫都能造成危害。

（1）危害性：介壳虫以口器刺入植株体内吸取汁液，寄生在蝴蝶兰叶片、叶鞘、茎部甚至根部。被吸取汁液的叶片叶色暗淡，逐渐形成黄斑，黄斑中央部分有时变为褐色，叶肉凹陷；长期为害易使叶片枯萎，最后脱落，新叶不能正常抽发，植株生长势减弱，严重影响植株的生长和开花。有些介壳虫种类还分泌蜜露，引起煤烟病，影响植株光合作用（图3.4.12）。

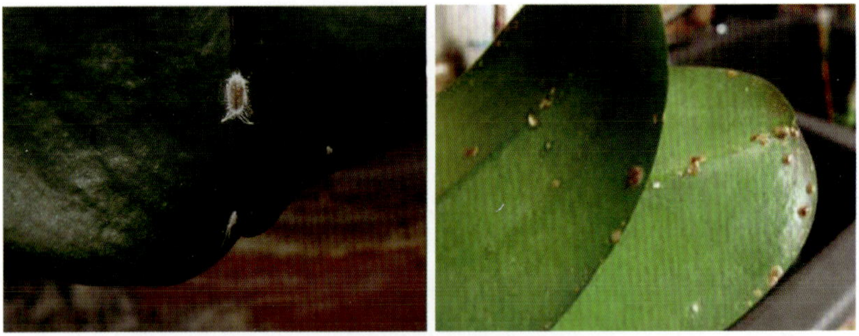

图 3.4.12　蝴蝶兰介壳虫及其为害叶片状

（2）防治方法：一是新采购的蝴蝶兰苗，应仔细检查，确定无介壳虫后才能进入温室放置，以免虫体传播到其他植株上；二是若有少量介壳虫发生，可直接采用人工抓除虫体的办法，用刷子或湿棉花将虫体一起擦除，严重被害的枯黄叶片应及时摘除；三是加强温室通风透光，降低湿度，可适当加大盆花放置间隔；四是药剂防治，介壳虫抵抗力强，且对农药易产生抗药性，要经常更换农药种类。可选用的药剂有：48%乐斯本乳油1 000倍液、40%速介克乳油1 500倍液、50%马拉硫磷1 000倍液、20%杀扑磷乳油1 000倍液、40%氧化乐果1 000倍液、50%马拉硫磷1 500倍液。以介壳虫处于3龄幼虫期、可移动、蜡壳尚未形成前喷杀最为有效。

2. 蓟马　蓟马为缨翅目蓟马科害虫，成虫体长约1 mm，金黄色，卵长0.2 mm，长椭圆形，淡黄色（图3.4.13）。蓟马的成虫和幼虫怕光，主要分布于花瓣重叠处、褶皱处以及叶背。

图 3.4.13　蓟马

（1）为害性：肉眼可见叶背面成虫、若虫，为害花器时不易被发现，花芽受害后萎缩黄化脱落，成熟花苞被害后花被皱缩扭曲，花瓣受害后形成白色斑点或条纹，花瓣褪色。为害叶片时，以针状口器刺吸兰花汁液，导致兰叶表面出现许多小白点或灰白色长形失绿点，叶缘卷曲，叶脉淡黄绿色。受害严重可导致花器早落，叶片干枯。

（2）防治方法：由于蓟马出现较早，为害期较长，主要防治时期分为开花前和开花期。防治上要抓住两点：一是平时可在兰株距生长点上方约30 cm处立置蓝色黏板（防治蚜虫时用黄色黏板），每5 m 1块，对蓟马群能起到较好的诱杀作用；二是开花前全株再喷施50%辛硫磷乳剂1 200～1 500 倍液、40%氧化乐果乳剂1 000～1 500 倍液或10%吡虫啉可湿性粉剂1 500 倍液，一般1周1 次，重复3～5 次，能收到良好效果。药剂防治可选用农倍乐800～1 000 倍液、美果松（巴拉松）50%乳剂、蛛螨克（新杀螨）25% 乳剂，并可添加黏着剂，以增加杀虫效果，注意在幼虫发生初期用药最好。

3．红蜘蛛 红蜘蛛体小，是红褐色或橘黄色的螨类（图3.4.14）。高温、干旱、不通风时，此害虫更易流行。

（1）为害性：红蜘蛛叮咬叶片，产生灰白色小点，叶色灰暗，叶面失绿凹陷，导致叶片变形，大大降低了蝴蝶兰的观赏价值。红蜘蛛常成群集生于叶片上，尤其是在叶背吸取蝴蝶兰的汁液。红蜘蛛虫体细小，但仔细观察可看到叶片上有许多会动的小红点，有时还有许多细丝缠绕。

图 3.4.14 红蜘蛛

（2）防治方法：一是移栽前对兰苗喷药预防，介质要做消毒处理；二是室内空气相对湿度保持在40%以上，注意通风，也可适时对兰叶背面喷水，以阻止红蜘蛛繁衍；三是在虫卵孵化后的成虫、若虫期进行药剂防治，可用20%三氯杀螨醇乳油1 000倍液、除螨灵2 000～3 000 倍液、40%氧化乐果乳油1 000倍液，或20%四氰菊酯乳油4 000倍液喷雾防治，每隔5～7 d 1次，连续2～3次。药物交替使用效果较好。

4. 蚜虫　蚜虫俗称蜜虫，为同翅目蚜科害虫。

（1）为害性：蚜虫喜食嫩叶、嫩芽、花苞的汁液养分，致使植株生长受到抑制，花叶变形、扭曲。同时，其腹部背方长有一对蜜管，分泌的蜜汁会吸引蚂蚁，引起煤烟病。

（2）防治方法：在生产中以预防为主，预防的最佳时期是在春初蝴蝶兰即将开始旺盛生长时，用扑虱蚜50%溶液对蝴蝶兰植株进行喷施，可以杀死越冬虫卵。既可以避免成虫造成的危害，也可以降低对蝴蝶兰花朵的药物伤害。若发生害虫时可用40%氧化乐果乳油或50%杀螟松乳油1 000倍液等，每隔7～10 d喷施1 次，连续3～4次即可。

5. 粉虱　为同翅目粉虱科害虫。

（1）为害性：粉虱常群集于兰叶背面，吸食植物汁液，使叶片褪绿、变黄、萎蔫，并在伤口处排泄大量蜜露，引发煤烟病，甚至造成整株死亡。

（2）防治方法：在通风口处加一层尼龙纱避免外来虫源进入，室内使用10%的百菌清烟片剂每天熏烟1次，持续7 d 可杀死粉虱幼虫。若发生害虫，在兰株旁边悬挂或放置涂以粘油的黄色木板或塑料板，振动植株，利用粉虱对黄色的强烈趋性，使粉虱成虫飞到黄色板上并被粘住，从而达到诱杀作用；也可用2.5%溴氰菊酯乳油2 000倍液或10%吡虫啉1 000～1 500 倍液等，每3～5 d喷洒1次，2～3次即可。

6. 蛞蝓　蛞蝓俗称鼻涕虫，属陆生软体动物。成虫体长约25 mm，肉体外露，柔软而无外壳，淡黄褐色，触角2 对（图3.4.15）。蛞蝓性喜潮湿、阴暗、多腐殖质的地方，怕光，白天隐藏于花盆底下，夜间出来寻食和繁殖。

图 3.4.15　蛞蝓

（1）为害性：蛞蝓5～6 月为害最严重。可嚼食植物幼嫩组织，如嫩叶、根端、花蕾、花瓣等，轻者叶片缺刻或有孔洞，重者嫩芽被咬食，影响其生长发育与开花。而且病害传染相当快速，短期可造成很多兰花受害。

（2）防治方法：一是冬春季对室内外环境进行清杂，并用五氯酚钠对室外环境进行清杀；二是春季在花钵底部刷石灰水；三是3～4 月加强人工捕杀；四是喷施90%敌百虫晶体1 000 倍液进行防治。

7. 蛾类害虫　蛾类成虫体中型，多为褐色或暗灰色，少数洁白或具鲜艳颜色，夜间活动，具趋光性。主要有杨扇舟蛾、杨小舟蛾、杨二尾舟蛾、黄刺蛾、绿刺蛾。

（1）为害性：春夏之间幼虫群集为害叶肉，幼虫取食蝴蝶兰叶片。

（2）防治方法：用20%氯氰菊酯2 000～3 000倍液，或20% 灭幼脲5 000～8 000倍液，或20% 吡虫啉1 000～2 000倍液防治，注意喷雾要均匀；清除田间杂草，人工摘除带卵叶片和虫苞，减少虫源；结合防治其他蛾类害虫，采用黑光灯诱杀成虫。

第五章 蝴蝶兰的组盆技术

根据市场需要，人们渐渐地更加喜欢买组盆的蝴蝶兰，为了迎合消费者的心理，组合的蝴蝶兰越来越多。而且，与单枝的蝴蝶兰相比，将蝴蝶兰巧搭花器，会让蝴蝶兰组盆变得与众不同，独具魅力。因此，组盆好的蝴蝶兰更具有观赏价值，也更具有经济效益。价格高，卖得好，所以经销商纷纷开始组盆出售蝴蝶兰。

一、组盆前的准备

1. 组盆环境 蝴蝶兰实现工厂化生产，冬季在生产区组盆，组盆地点选择在温室中进行，节省加温和运输成本，但要和生产床相对隔离，即利用温室的自然结构，用薄膜隔出一定相对独立的区域。操作时一般在栽培床上进行，并将组盆区的温度降低2 ℃左右，这也是一个炼苗的过程。设置13～15 ℃的中低温区，对组盆蝴蝶兰进入家庭、办公室及其他场所，并保持较持久的花期非常有利。

2. 组盆人员 蝴蝶兰素有“兰中皇后”美誉，作为高档花卉，组盆花的消费非常集中。在春节前一周内组几千盆，靠生产基地2～3名技术工人很难实现，须在从事栽培管理的工人中选拔一批组盆人员。组盆前进行1～2周的培训，灌输构思、艺术、装饰等意识，并制定：①质量标准，不让不合格组盆花进入市场；②激励办法，组盆数量和收入挂钩，提高组盆工待遇，调动积极性；③淘汰机制，组盆质量差、整改不到位的组盆人员及时淘汰，以提高队伍整体水平。

3. 花盆

材质：有陶瓷盆、木盆、紫砂盆、塑料盆、塑钢盆，近年来，围绕环保，发展了藤条盆、柳条盆、竹盆以及特殊处理的纸质盆。

形状：有圆形、方形、船形、高圆形、高筒形、提篮形、动物造型、植物造型等，有的带底座，有的不带底座，但底部镂空。

体积大小：盆口直径从12 ~ 80 cm不等，可组花单枝到几十枝不等。花盆产品有的为不同规格的套盆，可一字排开组盆不同数量的蝴蝶兰。大盆一般不带底孔。

色彩：有清一色、多色组合、图案、材料镶边镶色等，清一色的有紫色、白色、绿色、红色等，图案有花、鸟、虫、鱼、人物、风景、文字、诗、词等。

4. 组盆配材

支撑材料：包括塑料泡沫、水草、苔藓、木屑等填充料，插杆、花夹、包扎绳等。

花草衬材：有跳舞兰、文心兰、石斛兰、凤梨、长寿花等，有常春藤、铁线蕨、袖珍椰子等观叶植物等。

其他配材：有蝴蝶结、小动物、小灯笼、元宝等吉祥挂件及祝福语，近年来又发展了底部整体丝绢花包拥。

二、组盆原则

以客户需要为准则。常规组盆在有一定储备量时，特种和特大型组盆以订单为主，满足不同的消费场所和消费目的；技艺上做到错落有致，色彩协调，平衡而不拥塞，有韵律、有美感，让人赏心悦目。

1. 品种搭配

花色搭配：分为一色花组盆，即组盆的花为纯一色或只有一种混色花。红色代表喜庆，白色代表高雅；2种以上色搭配，一般为2 ~ 3种色彩的花进行混合搭配或成列相间搭配。

分生和实生苗搭配：2种花一般进行高低搭配，形成2 ~ 4个错层，一个层次一种花。实生苗一般在低层。

大小花型搭配：树型花一般为小型花，单独组盆。大花型和小花型品种不混合搭配（图3.5.1、图3.5.2）。

图 3.5.1　中小花组盆

图 3.5.2　大花型组盆

2. 朝向搭配

正向朝阳：植株通过位置、插杆调整，使花序成弧形、坡形等，迎南朝向观花者。

一侧朝向：使花序成单列或多列，朝向观花者的左侧或右侧，如帆船一般。

背向搭配：花序背向排列，适合于2枝或2列花组盆，背向可平行或高低搭配。

多向搭配：即花序组成环形、圆形。通常椭圆形等花盆可组成环形、船形，赏花者可以从各个侧面欣赏。寓意团团圆圆，一帆风顺。

3. 组盆层次

单层次：包括10 cm盆栽普通单枝花，盆栽独本蝴蝶兰临水式、瀑布式等艺术展示；双枝蝴蝶兰单向或背向等高排列；多枝花多向等高排列。

2～3个层次：2枝以上的花按不同的高度、朝向进行排列，各层次的花数可以相等或不相等，多层次的花可以是一个颜色或成多种颜色，可以是线性排列或曲线排列。

塔形层次：每一层花序组成簇环状，最上一层组成“花团”心，花序弯曲度小，其他层花序弯曲度较大，各层的花序大小基本一致；花色上，各层次之间及每层内部可以一致，也可以不一致，该搭配需要大量的填充料。

4. 和其他材料的搭配

与一种花材搭配：既丰富色彩、质感，平衡空间，又有寓意，和观叶植物搭配寓意“鲜花配绿叶”，无论是单枝花还是多枝花，一般只和一种观叶植物搭配；和长寿花搭配，寓意“人生绚丽持久”，和长寿花、幸福树或蕨类搭配的一般为红色类品种等（图3.5.3）。

图 3.5.3　组合盆栽

与多种花材搭配：在保持蝴蝶兰主题的前提下，搭配2种及2种以上观叶或观花植物，组成繁花似锦，华丽兴旺之景，满足会议、高档会所、茶座、咖啡厅等的需要。有时还搭配少量比蝴蝶兰更贵的大花蕙兰或凤梨；搭配一支红凤梨，有“万花丛中一点红”之趣。

与其他材料搭配：为衬托节日、庆典气氛，在花序轴上绑扎蝴蝶结，一方面可起到固定作用，另一方面看着很喜庆，再挂上小动物、小风铃等挂件，能增加动感。有时根据客户的需要，还要对花盆进行装饰。

三、组盆技术

1. 选花　选花是非常重要的过程。因为只有选出来的花整齐，组合出来的蝴蝶兰才好看。选花要注意以下几点：一是开放度，也就是我们所选的花开花的朵数要一样。二是高度，长势都要差不多才行。根据盆的大小和形状来挑选花枝，一般前面矮后面高。如九拼蝴蝶兰，可以分三排，第一排是最矮的，第二排高点，第三排最高。三是花的朝向，分三排后就是分左右，第一朵花在左边的就放在左边，第一朵花在右边的就放右边，中间的可以不用分左右，三排都是一样（图3.5.4）。

图 3.5.4　选出生长一致的花

2. 初步的构思　要根据选出来的花的朝向以及高度来决定每一枝花的位置。以每盆六株花为例，后面三株往往比前三株要高一点。要注意花的朝向是由第一朵花的方向决定的，也就是最下面一朵花的方向。六株花一般分为两排，每排最左边和最右边的花朵方向，要么花都朝里面，要么都朝外面（图3.5.5）。

图 3.5.5　根据花的朝向及高度配置花的位置

3. 放盆　根据盆的高矮，在下面开始垫泡沫，泡沫高度需要根据组盆的多少来定。分三排的话，盆深度大于胶杯的一个半，就要在下面开始垫泡沫，因为每一排的层次都是半个胶杯。上盆要先上后面一排，再上前面一排。每株花上盆前都要先把根部捏实，这样组好的花造型不易改变。

4. 固定　固定是非常重要的一个步骤。首先，要将原本固定蝴蝶兰的钢丝以一根更长的钢丝代替，然后依据蝴蝶兰的弧度来弯钢丝，弯钢丝时切记不可从中间用手弯，那样形成的弧度很不自然，也不会贴合蝴蝶兰的弯曲弧度。应该手握住钢丝的上端，用巧劲顺着蝴蝶兰的弧度向下弯。钢丝要在蝴蝶兰的枝条下方，这样就不会影响美观。

然后就是用胶带固定。弧度下方的枝条用透明胶带固定一到两处，在上端有节的地方一定要小心，不可用力弯，以防把蝴蝶兰折断，在节的附近固定一道，这样蝴蝶兰就不易断，枝梢也要根据情况在需要固定的地方固定一至两道。依次将六株蝴蝶兰固定。固定时如果发现某株花的位置需要稍加变动，那么就从根部小盆慢慢转动，切不可转动枝条。如果花前倾或者向后倒，那么可以往反方向插一段钢丝，用胶带固定，将花的方向加以调整（图3.5.6）。

图 3.5.6　固定好蝴蝶兰盆花造型

四、组盆时期

1. 销售前组盆　蝴蝶兰为重要的年宵盆花之一，其观赏的主要时间在春节。有充足组盆技术工的厂家，都会根据具体的订单和花朵开放的程度，来挑选植株进行销售前组盆。

2. 花蕾期组盆　蝴蝶兰开花后花朵的追光性非常强，如果在蝴蝶兰还没有开花的时候就将其组合在一起，并在温室里继续培养一段时间，直到开出5朵花以上才陆续上市销售，那么蝴蝶兰的排序性就会更加整齐。另外，这种提前组盆的做法还有两大好处：

一是提高了蝴蝶兰的组盆质量。目前蝴蝶兰多以组盆形式销售，这个环节往往是由经销商来完成。由于经销商在市场上采购的蝴蝶兰品质良莠不齐，组盆手法和技巧也高低不一，因此经常出现排序不整齐、栽植不紧密、花期和寿命短等问题。而提前组盆的蝴蝶兰不但排序整齐，而且经过一个多月的适应性栽培后，根系扎实，长势健壮。

二是减轻了经销商的销售压力和成本，经销商可以从生产企业那里直接买到组盆好的蝴蝶兰，大大降低了他们的销售压力，减少了组盆用工费用和场地费，以及各种盆器、饰品等附加产品的采购和囤积。

但是，花蕾期组培由生产企业完成组盆环节，成本支出会增长不少，如温室占用费、人工费、资材费等都有所增加。

第四篇 蝴蝶兰家庭种植

第一章　蝴蝶兰家庭种植方法

随着蝴蝶兰产业近十五年来在国内的飞速发展和人们生活水平的不断提高，蝴蝶兰逐渐为广大花卉爱好者所熟识。蝴蝶兰对生长环境的要求相对较高，其从温室栽培走进家庭养护的过程中，因栽培环境的改变，使得家庭养护过程中容易出现这样那样的问题，影响了蝴蝶兰大众消费的积极性，在一定程度上阻碍了蝴蝶兰产业的发展。种过蝴蝶兰的人常抱怨容易把蝴蝶兰养死或养的蝴蝶兰不开花，而未种过蝴蝶兰的人虽然对蝴蝶兰满心欢喜，却担心蝴蝶兰不好养，而拒之千里。其实，只要掌握蝴蝶兰的生长特性及蝴蝶兰对条件的要求，家庭种植蝴蝶兰是比较容易成功的。

一、蝴蝶兰的选购与运输

蝴蝶兰栽培成功的关键在于品种的选择和种苗购买。因此在选择蝴蝶兰时要选择植株健壮，花朵硕大美丽，花数多，花瓣厚实，花序整齐而且紧密的植株。一般来说，开花颜色深、花朵多、花瓣厚的种苗都非常健壮，许多蜡质花和深红花的花期更长一些，可以达到 3 个月以上；北方当地栽培的蝴蝶兰由于经过气候条件的驯化和没有运输损耗，品质远远高于南方运输的种苗，花期更长，价格也略高，后期的养护也更容易一些。

花序的开放度是影响蝴蝶兰家庭观赏时间的主要因素，在选择花序开放度的时候应根据家庭的实际情况来进行选择。倘若环境的温度较低（<18℃），可选择花序开放度高的植株（图4.1.1），避免温度过低，影响花蕾的开放而出现落蕾的现象；倘若环境温度较高

（>18℃），可选择花序开放度低的蝴蝶兰开花株（图4.1.2），以增加观赏时间。

图 4.1.1　花序开放度高的蝴蝶兰

图 4.1.2　花序开放度低的蝴蝶兰

北方地区春节前后气温可以达到 –20 ℃，蝴蝶兰的运输管理更为重要，尤其是花蕾，短期寒冷也会导致花蕾萎蔫，如果没有保暖的车辆和较好的包装，蝴蝶兰到家后短期内必然落花落蕾。对于许多家庭来说只注重温度的保证是不够的，室外冷风吹到花瓣是导致到家后 7 d 之内落花的主要原因。

二、居室驯化锻炼

从市场上购买的蝴蝶兰都是在温室中培养大的，已充分适应了温室的高温高湿环境，如果想让它花后不成为“一次性”消费品或“观叶植物”，就得帮它适应家庭环境，让它日后再次开花，年年开花。

蝴蝶兰要想实现从温室的高温高湿环境到居室干燥环境的转变，需要一个逐步锻炼适应的过程，这一阶段大约需要 1 个月。

1. 合理光照　市场购回的蝴蝶兰进入居室后首先要适当遮阴，每天上午 10 时以前和下午 2 时（夏季 4 时）以后可接受 4 ~ 6 h 的散射光照，使其逐渐适应室内的光线环境。

2. 适度喷水　适宜蝴蝶兰生长的空气相对湿度为 60% ~ 80%，居室内的空气湿度大多数情况下达不到。为此，可向刚购回的蝴蝶兰叶片上喷洒纯净水。喷水次数逐步减少，由 1 天 1 次减少到 3 ~ 4 d 1 次（大约 1 个月时间），冬季喷水次数更应相应减少。这样经过一段时期的锻炼，蝴蝶兰就可以充分适应居室的湿度了。

3. 室温调节　刚购回的蝴蝶兰一般都在开花期，为了使观赏期延长，要适当调节室内温度，控制在 15 ~ 20 ℃，过高或过低都不宜。

4. 适量浇水　每 3 ~ 5 d 浇 1 次纯净水，冬季浇水间隔适当延长，浇水次数宁少勿多，以免造成根系腐烂。

5. 如何判断蝴蝶兰是否充分适应室内环境　从外观来判断，当叶片鲜绿、没有黄斑或枯黄现象、花色正常不萎缩、外露气生根无腐烂干枯等症状时，就说明买回的蝴蝶兰已充分适应室内环境了。

三、家庭种植蝴蝶兰要点

1. 蝴蝶兰的花盆　一般规模生产都采用透明的塑料盆，家庭装饰性栽培除透明塑料盆以外，也可用瓦盆、竹编盆和陶瓷盆等，在花卉超市和花店用大口径塑料盆和装饰盆进行组合盆栽。作为居室吊盆观赏，还可用方框和蛇木板。凡瓦盆、釉边盆、装饰盆和蛇木板等容器材料，在栽植前必须在水中浸透后方可使用。

蝴蝶兰是附生性兰花，以气生根附着于岩石或树干生长，从空气中吸收水分和养分。因此，栽植植料以疏松透气的材料为佳。所以盆栽材料最好不选单纯表土或园土，而选用如水苔、树皮、树蕨根、碎砖瓦、椰子壳、纤维、陶粒等基质为宜。或直接把幼苗固定在木炭上，让其自行攀附生长，保持 pH 值为 6.5 左右。

种植蝴蝶兰应选用竹编器皿、多孔陶瓷盆或特制兰花盆，最好不要用一般的塑料盆。种好的幼苗不要搁置在地上，应挂起或摆放在架子上，以利于气根伸长和生长，便于盆中基质干燥后吸收空气养分，注意避免因底孔堵塞积水导致烂根甚至死亡，或地下害虫钻入盆内为害植株。

2. 蝴蝶兰栽培基质　蝴蝶兰的栽培基质必须具备疏松、通风、透水性好、耐腐烂的特点。目前，最常用的栽培基质有树皮块（或树皮丝）、水苔、椰子壳块、蛭石、树蕨块等。日本常用水苔与树皮丝的混合基质，我国台湾省广泛使用纺织下脚料生产的人造基质，美国使用树蕨块、水苔和沙的混合基质，泰国用椰子壳为多。在国内的栽培中水苔是蝴蝶兰最常用的栽培基质。

3. 温度　家庭养蝴蝶兰，首先要保证温度。蝴蝶兰原产于热带地区，喜欢高温高湿的环境，生长时期最低温度应保持在 15 ℃以上。蝴蝶兰（尤其是白花蝴蝶兰）白天温度保持在 27 ℃，夜间温度保持在 18 ℃左右时，长势良好。秋冬和冬春之交以及冬季气温低时应注意增温，一般冬季有供暖设备的房间，这个温度不难达到，但要注意，千万不要将花直接放在暖气片上或离之过近。

夏季温度偏高时，需要降温，并注意通风，若温度高于32 ℃，蝴蝶兰通常会进入半休眠状态，要避免持续高温。春节前后为盛花期，适当降温可延长观赏时间，开花时夜间温度最好控制在13 ~ 16 ℃，但不能低于13 ℃。

4. 光照　蝴蝶兰在自然环境下形成了喜半阴的习性，家庭栽培时用遮阳网或竹帘来遮阴，可以通过遮盖时间来调节，夏季阳光强、气温高时，遮光时间长一点，遮光 70%左右，冬季阳光弱、气温低时，中午时刻适当遮阴，春、秋季根据天气变化来掌握遮盖时间，傍晚后至清晨日出前均不需遮阴，这样有利于通风透气。

总之，栽培蝴蝶兰切忌强光直射或暴晒，否则叶片容易被灼伤。同样，长时间固定遮阴，造成光线太弱，兰株生长纤弱，叶片柔嫩，花茎伸长，花色缺乏光泽、不鲜艳，也容易罹病。为此，冬季长时间雨雪天、日照不足时，应加人工光照补充。

5. 水分　蝴蝶兰喜湿，但忌积水。浇水必须按季节、气温情况、所用栽培基质和兰株的生长发育情况而定。一般来说，6 ~ 9 月气温稍高时，蝴蝶兰处于生长旺盛期，可以多浇一些水，选择晴天上午浇，栽培基质湿润即可。当冬春季温度偏低时要少浇，保持根部稍干些，盆内基质开始变干时再浇，若温度低于 15 ℃时，要严格控制浇水。不过，冬季在花芽生长期，只要温度不低于 18℃，就应及时浇水，以底部基质湿润为度，千万不能让盆内过湿。

盆栽基质中，水苔、树皮丝等一般吸水量比较大，浇水间隔的时间可长些，树皮块、蛭石等排水性好，浇水间隔时间应短些。

在蝴蝶兰生长期，尤其夏、秋高温干燥季节，可多喷水，但注意不要使兰叶心部积水，尤其冬季夜间禁止将水喷洒到叶片上。

四、蝴蝶兰家庭种植注意事项

1. 空气湿度 蝴蝶兰喜高湿环境。根据季节的温度和天气情况，春、秋季空气相对湿度为 70% ~ 80%，夏季为 80% ~ 90%，冬季为 60% ~ 70%。天气干燥、空气湿度低时，可通过地面、台面洒水和给兰株喷水来调节，空气湿度过大时，应加强通风调节。如果温度低于 18℃，要降低空气湿度，否则低温高湿时容易引发病害。另外，蝴蝶兰栽培过程中特别怕干风，叶面容易发生失水状态，对兰株生长极为不利。

2. 施肥 蝴蝶兰因生长快，生育期长，比其他热带兰需肥量稍多些，但仍应采取薄肥常施的原则。5 月下旬刚换盆，正处于根系恢复期，无须施肥。

6 ~ 9 月为兰株新根、新叶的生长期，每周施肥 1 次，用“花宝”液体肥稀释 2 000 倍喷洒叶面和盆栽基质。夏季高温期可适当停施 2 ~ 3 次。

10 月以后，兰株生长趋慢，应减少施肥，以免兰株生长过盛，影响花芽形成，致使不能开花。

进入冬季和开花期则停止施肥，若继续施肥，会引起根系腐烂。

3. 花茎捆扎 蝴蝶兰花序长，花朵多而大，盆栽时需立支柱，防止花茎倾倒或折断，影响花容。因此，当花茎抽出后，在花盆中先设临时支撑，防止花茎倒伏。

捆扎时必须注意，不能一次就把花茎固定好，要分几次逐步进行，以免花茎折断。当花蕾长大以后，要设置正式蝴蝶兰专用支柱，将支柱弯成弓形，使花茎贴着支柱并从多处固定。

4. 换盆　蝴蝶兰栽培基质为水苔、树皮丝、椰子壳等易腐烂材料，故而每年必须换盆。换盆的最佳时期是春末夏初，约在气温较高的 5 月下旬，此时花期刚过，新根开始生长。

基质以用蝴蝶兰专用栽培基质水苔为好。买回后要用清水浸泡 2 ~ 3 d，捞出后再用 70% 甲基硫菌灵可湿性粉剂 1 000 倍液或 50% 多菌灵可湿性粉剂 800 ~ 1 000 倍液浸泡 1 ~ 2 h，而后捞出，使其适当干燥即可换盆。

换盆时，一只手托住花盆盆面，另一只手扶住花盆，双手配合将其翻转倒扣，把盆体轻轻振动拿起，然后用手轻轻抖动，使基质松散脱落。取出的根团，用手指将下部的旧基质挖出，修剪根系，将干枯的老根、有锈斑的根、断根剪去，在伤口处涂草木灰或多菌灵等保护伤口。

将消毒好的水苔放在根系的底部，再用湿水苔将根系四周包住，但要使根系均匀散开，不能多条根捆在一起，然后栽入盆中。一边填充水苔，一边将植株调整到合适的位置，填满水苔后适度按压，最后浇水、遮阴，7 d 后可正常管理。注意水苔不宜包得过紧，否则容易引起根部过湿腐烂。

5. 分株　蝴蝶兰根系十分发达，当盆栽蝴蝶兰大部分根系长出盆外，从花序轴上的腋芽发育成子株，并长出新根时，可切下进行分株栽植，分株以花朵完全凋萎后进行最好，盛夏高温季节分株，兰株伤口容易腐烂，冬季分株由于气温低，发根恢复较慢。操作过程中要去除基部自然干枯的黄叶，剪除干瘪和损伤的根。

五、蝴蝶兰花后管理

蝴蝶兰开花期一般可达 2 ~ 3 个月。蝴蝶兰花谢后，为了减少养分的消耗，要及时把凋谢的花减去，还要对枝条进行修剪。修剪的目的有二：一是希望蝴蝶兰当年二次开花，二是让蝴蝶兰休养生息等来年再开花。

1. 二次开花　想要蝴蝶兰二次开花，在花枯萎后，不要剪去全部花茎，先要观察一下蝴蝶兰植株的整体长势状态。如果根和叶都十分强壮健康地生长着，就多留几节花茎。花茎从基部数 4 ~ 5 节处剪去即可。

可以从第一朵花或者第一个分枝附近剪掉，剩余的残花柄还是有芽的，只要认真养护，养到一定时间就能再发新花芽，这样可以保证 2 ~ 3 个月会二次开花（图 4.1.3）。但是要注意，不要让蝴蝶兰结果，结果过程会消耗掉大量养分，影响蝴蝶兰植株的生长。而且就算结果了，想用种子来繁殖蝴蝶兰，难度还是很大的。

图 4.1.3　蝴蝶兰二次开花

二次开花会影响蝴蝶兰植株的成长，因为等待二次开花的过程中，需要消耗更多的养分。能不能施肥，还得看一下蝴蝶兰的植株长势才能下结论。

花谢后，保留二次开花需要的花茎，同时也要检查蝴蝶兰植株的根系是否正常，基质是否需要更换。一旦发现问题，及时处理，保证二次开花需要的条件。

2. 休养生息　如果想来年蝴蝶兰开得更加美丽，花谢后，就要将花茎从基部全部剪下。至少要等到下半年，才能看到蝴蝶兰新长出来的花枝。这期间要保证好生照料蝴蝶兰植株，以免因为病虫害影响蝴蝶兰的生长，延误开花。

除了剪花茎，为了来年的花开，要检查一下蝴蝶兰植株根系。脱盆检查一下根系，是否出现烂根、干根，一旦发现要及时剪除。

还要观察蝴蝶兰的土壤基质是否老化，基质老化了，养分就会减少，透气性也没有原来那么好，这样会使植株生长变得缓慢，严重的导致死亡，所以需要更换基质。

一般在春末夏初进行换盆比较好。换盆时剪去烂根，杀菌，植入新水苔中，放于通风良好的散光处即可。

六、蝴蝶兰的家养常见误区

1. 浇水过频　栽培蝴蝶兰的朋友，总是担心心爱的蝴蝶兰缺水，不管水苔是否干燥，天天浇水，结果造成严重烂根。

2. 温度过低　通常蝴蝶兰开花株上市的时间大多在早春，而买回家后一般也都置于客厅等处欣赏，这些地方的日温虽然足够，但夜温却稍嫌偏低。另一方面，专业栽培的兰花大多是在设备良好的温室里，相比之下，家里的温度和湿度都稍显不足，使得植株的生长势日益衰弱。因此，有时不论养护得多么好，兰花仍有不开花的现象。

3. 施肥过量　有肥就施，而且不注意浓度，觉得施了肥就会长得快。须知蝴蝶兰宜施薄肥，应少量多次。切记进补不可过度，不然会适得其反。

4. 小株种大盆　觉得用大盆，可以给蝴蝶兰宽松的环境，用料充足。其实用大盆后，水苔反而不易干燥，须知蝴蝶兰喜通气，气通则舒畅。

5. 其他注意事项

（1）及时用脱脂棉或软布清理叶面上的水渍、尘土等，保持叶面光亮整洁。

（2）注意摆放位置。要避开空调和电视正前方，防止吹伤花朵，防止辐射。还要避开暖气，防止高温危害。冬季更要避开通风窗口，防止冷风侵袭。

第二章　家庭栽培常见问题解答

一、如何购买优质蝴蝶兰?

回答：选购优质蝴蝶兰的关键就是在“看”上下功夫。

一看叶。植株要健壮挺拔，叶片在 5 枚以上，最多可达 8 枚，排列要整齐，无黄叶、病斑，叶片要厚实、有光泽，手感硬挺，新叶必须油亮，除个别老叶外，其余叶片不能耷拉，没有徒长叶。

二看花。花茎要粗壮，长短适中，花朵排列整齐，花量在 8 朵以上，并有一半开放，花瓣宽阔有光泽，花色艳丽，花瓣不能有碰伤，盛开的花朵不能出现发软和收缩状态，如果这样，说明在运输过程中，遭遇了冻害或将近凋落。还要看花蕾颜色是否变浅并伴有萎缩现象，如有则说明会落蕾。

三看根系。单个根要粗壮，且要有新根抽生，栽培基质内部的根呈白色，沿着盆壁生长及在空气中生长的根系呈嫩绿色及白绿色，根冠呈紫红色。不能有烂根和干瘪现象。根系需饱满，轻晃植株无松动感。

四看是否有病虫害。在现代化生产条件下，新进货的植株一般不会发生病虫害，但冬季在运输途中易产生冻害，一定要选购新鲜植株，不可贪便宜购买有问题的植株，在回家途中，温度最好不低于 16℃，最低也要在 10 ℃以上，否则会产生寒害，对植株是极为不利的。

二、蝴蝶兰家庭种植时应该怎么浇水?

回答：蝴蝶兰属于附生兰，在原产地大都着生在树干上，根部暴露在空气中，可以从湿润的空气中吸取水分。当人工栽培时，根被埋进栽培基质中，如浇水过多，基质通气性就会变差，肉质根就会腐烂，一般叶子变黄，严重时导致死亡。浇水的原则见干见湿，当栽培基质表面变干时再浇一次透水；一般浇水宜在晴朗有阳光的上午进行，水温应与室温接近。当室内空气干燥时，可用喷雾器直接向叶面喷雾；但注意，花期喷水不可将水雾喷到花朵上去。

三、蝴蝶兰在居室内怎么接受阳光？

回答：尽管蝴蝶兰较喜阴，但仍需要使兰株能接受部分光照，尤其花期前后，适当的光照可促使蝴蝶兰开花，使开出的花艳丽持久，一般应放在室内有散射光处，勿让阳光直射；如放在室内窗台上，要用窗纱遮去部分阳光。

四、栽培过程中如何避免出现黄叶与落叶？

回答：蝴蝶兰在生长过程中，由于自身的生理原因，下部的叶会变黄甚至脱落。一般在越冬后春天恢复生长时，下部叶会变黄，如果其他叶叶色正常有光泽感，就不用担心。这样的黄叶会失水发干变褐色，然后干净地脱落。

但植株衰弱时，也会出现黄叶，一般是温度过低、浇水太多或施肥不当引起烂根所致。此类情况往往黄叶连续出现或同时2枚甚至3枚变黄脱落。解决办法：将植株从盆中拔出，清除整理已经腐烂的根，用新的水苔包裹后，种在盆中。放在暖和的地方，种后半个月要控制浇水，可只向叶面喷雾水。等新根长出，即可进入一般管理。

五、蝴蝶兰的很多根长到盆的外面，要不要马上换盆？

回答：蝴蝶兰的根为气生根，喜欢潮湿的空气。原产地的蝴蝶兰顽强地生长在没有任何基质的树枝上，根附着在树皮上或悬挂在空中。所以长出盆外不用担心。一般1年换1次盆即可。如果出现叶发皱、下垂，用手一碰植株就很容易晃动的情况，很可能盆内大部分根已经腐烂，需要马上换盆。

六、蝴蝶兰的叶子发皱下垂是什么原因？

回答：原因可能有两点，①水分不足。此时根没有问题，而水苔过度干燥，轻轻一捏就变成粉末。②烂根。用手一碰植株易晃动，可能是低温、浇水或施肥不当引起的。

解决办法：原因①时，马上浇水，浇足水分。一般过度干燥时，水苔变得很难吸水，可将植株放在装有水的盆中，让其从底部慢慢吸水，直到水苔吸满水为止。原因②时，马上换盆。

七、蝴蝶兰落蕾是什么原因？

回答：有两种情况，一种情况是低温造成落蕾，一般是所有花蕾都会变黄，叶子看上去无光泽感。另一种情况是，植株看上去健壮，叶色也正常，花蕾一点点变黄。此种情况很可能是空气过度干燥造成的。

解决办法：放置场所气温应在15 ℃以上，湿度过低时，应采取加湿措施。可经常向叶面喷雾加湿，注意不要喷花或花蕾，否则会造成落蕾或花朵枯萎。

八、花序轴抽出后，途中分枝，需要如何处理？

回答：蝴蝶兰品种丰富，有些品种具有分枝特性，有的可以分两枝以上。如果想看到大花朵蝴蝶兰，可以剪除分枝，如果单株观赏，可以任由分枝生长，具分枝的花序看起来更加丰满。

九、买回来的蝴蝶兰为什么到家几天就萎蔫了？

回答：蝴蝶兰的花期在观赏花卉中属于比较长的，一般可以开1个月以上，有的可以达到2～3个月。在正常管理的情况下，花期长短同遗传有关，所以要选育花期较长的品种。一般情况下，蜡质蝴蝶兰的花期>红色大花类>白花蝴蝶兰。

蝴蝶兰买回去几天就枯萎了，可能是环境不适造成的。原因有二：一是运输过程中的伤害。蝴蝶兰从产地经过长途跋涉，加上途中温度的激烈变化等都可能造成花枯萎。因此，选择本地生产的蝴蝶兰较好。二是植株比较衰弱，烂根严重，造成适应环境变化的能力下降。

十、蝴蝶兰一年可以开几次花？花期多长？

回答：家庭栽培中，蝴蝶兰1年开1次花，一般在3～5月，花期1～3个月。如果想1年内开2次花，可以参照蝴蝶兰二次开花的方法。

第三章　蝴蝶兰的水培种植方法

水培蝴蝶兰完全脱离了泥土的栽培环境，直接生长在相对无菌或少菌的营养液环境，让我们的家居更安全、更洁净、更放心，十分地整洁时尚、文雅别致。

一、裸根水培

1. 清理根系　水培蝴蝶兰的操作时间一般选择旺盛的生长季节，如春季或秋季，这时缓苗快。选择健壮的植株（图 4.3.1），用 20 ℃左右干净的水彻底清洗蝴蝶兰根部的植料，注意不要伤根，但要将死根和烂根仔细清除，条件允许的情况下可用杀菌药物对根进行浸泡，然后把植株置于阴凉处晾干（图 4.3.2）。

图 4.3.1　健壮植株

图 4.3.2　基质清理后的蝴蝶兰植株

2. 容器选择　选择合适的不漏水的容器，可用玻璃、搪瓷、陶瓷、塑料器皿，最好不用铁器，用铁丝或塑料线把花盆或容器绑缚好调试妥当。

在水培容器的选取上，建议使用透明的玻璃瓶（图 4.3.3），其好处是能够随时清晰地看到根的生长情况，而且透光性有助于根的生长，让根发育得更漂亮。

图 4.3.3　水培用玻璃瓶

3. 固定植株　将晾干后的植株小心地插入选取的容器内，一般可在花卉市场采购专业的水培器具（图 4.3.4）。如果是自行准备的器具，有可能出现无法很好固定植株的问题，对此可参照以下解决方法进行：

图 4.3.4　将蝴蝶兰根系固定

方法一：若植株的大小与容器比较适合，可以不采取额外的固定措施，凭借蝴蝶兰叶子的支撑即可。

方法二：有条件的可配合所选容器使用合适的定植篮（图 4.3.5），也可在根系周围装满珍珠岩、蛭石或彩石等栽培基质以保证植株直立生长。

方法三：还可以取粗度适当的铁丝绕为环状，由根部至茎部进行缠绕，然后钩在容器口上，绕法可依据个人情况进行。

在选择水培蝴蝶兰植株的时候，尽量选择中等的植株，较大的蝴蝶兰植株根系都比较发达，把发达的根系全部置入定植篮中有一定的难度，即使能够置入定植篮中，也会对根系造成一定的损伤，影响植株的后续生长。

4. 配制营养液　配置营养液备用，可用 1 L 水兑硝酸钾 0.5 g、硝酸钙 0.5 g、硫酸镁 0.3 g、磷酸铵 0.2 g、硫酸钾 0.8 g、磷酸二氢钾 1 g；也可在市场上购买水培专用的肥料。一般在水培初期用清水培养即可，等植株适应水培环境后再加入营养液。

5. 加水养护　在容器内固定好植株后，加清水浸没根系的 1/4 ~ 1/3 即可（图 4.3.5）。此时向容器里加水的主要目的是通过蒸发来提高空气湿度。然后，视环境的实际温度来控制空气湿度，进行适量的喷水。

图 4.3.5　加清水进行蝴蝶兰的水培

水培蝴蝶兰生长初期要注意避免直射光，待 1 周后方可放到恰当的位置，每 2 ~ 3 d 换 1 次清水。因蝴蝶兰的根系为气生根，只要保证其根系不全部浸入水中，就能很快适应水培环境。2 周以后，可加入事先准备好的营养液。

6. 生根长叶 以上工作都做到位后，就可以进入漫长的等待过程了（图 4.3.6），缓苗期的时间是由原本的植株状态决定的，因此会有所不同，一般情况下 2 ~ 4 周便出现新根和新叶。

图 4.3.6 水培的蝴蝶兰植株

7. 环境条件

（1）光照和温度：夏季将蝴蝶兰放置阴凉、通风良好的位置，避免强光直射，并常向叶面喷水，保持湿度。冬季和早春可接受阳光照射，还可以用日光灯补充日照的不足。若温度低于15 ℃时，蝴蝶兰的根部停止吸水，造成植株生理性缺水，老叶变黄脱落；若气温低于10 ℃，就会受到冻害，蝴蝶兰对温度十分敏感。

（2）施肥：水培蝴蝶兰长出新根后，将其移到阳光充足的地方，并加入营养液，每3 ~ 5周换1次营养液。花前或花后叶面喷施0.1%的磷酸二氢钾稀溶液，可促使开花和萌发新根、新叶。

（3）病虫害防治：长期处于潮湿的环境，蝴蝶兰植株易受霉菌侵害，发现这种现象时立即改善其生长环境即可。

二、带基质水培

蝴蝶兰为肉质气生根，其根不但可以吸收空气中的养分，而且可以进行光合作用。在蝴蝶兰家庭种植的过程中，可以运用水培器皿，对其进行带基质水培（图4.3.7）。带基质水培的，蝴蝶兰的栽培基质以兰花专用的进口水苔为佳，因为进口水苔具有良好的透气性和酸碱平衡，非常有利于蝴蝶兰的生长。

图 4.3.7　蝴蝶兰带基质水培

蝴蝶兰带基质水培器皿可以选择市场上常见的玻璃材质，对其进行稍微的改进，即将吸水棉线绑缚在定植篮上，依靠吸水棉线为蝴蝶兰提供水分需求（图4.3.8）。玻璃容器中的水不宜过多，以免影响蝴蝶兰根系的透气性而发生涝害。在培育的过程中，可以在器皿里加入彩色石子，或放入两条小鱼，进行鱼花共赏，别有一番景致（图4.3.9）。

图 4.3.8　带基质蝴蝶兰水培器皿

图 4.3.9　蝴蝶兰鱼花共赏

第四章　装饰与应用

一、蝴蝶兰对家居环境的影响

1. 由外到内都可以令住宅充满生气，能吸收空气中的养分而生存　蝴蝶兰的学名希腊文的原意为“好像蝴蝶般的兰花”。它能吸收空气中的养分而生存，证明了它在家居中的动态作用，像蝴蝶一样在空中飞来飞去，活力和生气就在这里产生了，而它的外表是那么美艳夺目，可以为一个家庭增添不少喜庆的气氛（图 4.4.1）。

图 4.4.1　家居摆放的蝴蝶兰（一）

2. 传递友情、爱情，甚至是亲情的“信鸽”　蝴蝶兰有很多很有意思的寓意，例如，蝴蝶兰的花语是“我爱你，幸福向你飞来”。如果一个男生或者一个女生送一株蝴蝶兰，足够体现出他或她所要表达的意思，含蓄之余，又表达了自己的心声。又如，白蝴蝶兰代表爱情纯洁和友谊珍贵。如果有一天，一个很久没联系的故人给你送来了一束白蝴蝶兰，从蝴蝶兰的价格和寓意都可以看出，这位友人对这一段感情是非常重视的（图 4.4.2）。

图 4.4.2　家居摆放的蝴蝶兰（二）

3. 能够美化和净化家居　蝴蝶兰是花卉中最美丽的花之一，有蝴蝶兰的装饰，家就会显得美丽和有生气，同时，它还可以净化空气，释放出我们需要的氧气（图 4.4.3）。

图 4.4.3　家居摆放的蝴蝶兰（三）

4. 是家庭空气环境质量检验的标准　蝴蝶兰喜欢高温、高湿、通风半阴环境，忌水涝气闷，越冬温度不低于 15 ℃，遇冷时立即移入室内保持温度便可以安全过冬，蝴蝶兰喜欢空气高湿且通风的环境，通气是养好蝴蝶兰的关键，但是忌干热风吹拂，北方冬季种植不能放在暖气片上或直对空调风吹拂。养出的蝴蝶兰越美丽，说明家居环境越好，越适应人居住（图 4.4.4）。

图 4.4.4　家居摆放的蝴蝶兰（四）

5. 使家居风格更加有诗意　蝴蝶兰有很多很有意思的花语，令家居风格变得更加有诗意。蝴蝶兰对应的星座为水瓶座或射手座，代表忠诚、智慧、理性、美德。这么有情调的一种花放在家里，一定能为家里增添不少美好的气氛（图 4.4.5）。

图 4.4.5　家居摆放的蝴蝶兰（五）

二、蝴蝶兰与家居风格的搭配

蝴蝶兰的美丽使其在众多的植物中脱颖而出，装饰住宅会令住宅多几分颜色，令一个家充满欢乐的气息，体现充满幸福的家居风格。一个房子是不是充满生气，色彩是很重要的，另外，有生命的东西也同样起到很好的作用，基于这两点的考虑，蝴蝶兰是十分适合的选择。蝴蝶兰属都是著名的切花种类，蝴蝶兰是单茎性附生兰，茎短，叶大，花茎 1 至数枚，拱形，花大，因花型似蝶得名。其花姿优美，颜色华丽，为热带兰中的珍品，有“兰中皇后”的美誉。

最吸引人的是蓝色、粉红色、红色、黄色和粉色，缤纷的色彩效果，让一个家充满节日的气氛，让一个家喜气洋洋，家中的人心情好了，精神自然爽快。

蝴蝶兰能搭配出高贵的家居风格，蝴蝶兰在花卉中售价较高，搭配同样经典昂贵的中式家具则更添奢华质感，体现出高贵大方和奢华的家居风格。

三、蝴蝶兰在实际生活中的应用

蝴蝶兰花型圆润美丽，花期长，易养护，因此，在各种祝贺、问候及致意场合皆十分和谐。购回的蝴蝶兰需要放置于 15 ℃以上、光照较好而且空气流通的室内，不要置于阳光直射、冷风或暖气直吹的地方，否则容易使早开的花朵早谢，未开的花蕾枯黄。南方湿冷地区，蝴蝶兰植株水分蒸发慢，要少浇水。北方干燥地区，由于冬季有供暖，空气湿度较小，可适当喷雾，增加空气湿度。

日常应用时，蝴蝶兰的观赏方式多种多样，可单株进行观赏，也可将蝴蝶兰进行组合，做艺术化处理，以提高其观赏效果。组合的方式多种多样，有 3 株、6 株、9 株、12 株、18 株等株数不等的组合，也有与观叶植物或其他兰花搭配，盆具亦能变化多端。将蝴蝶兰堆成花海，异彩缤纷，以适合不同层次蝴蝶兰爱好者的需求。

附图 蝴蝶兰在实际生活中的应用。

KELLY HOPPEN STYLE

参考文献

[1] 陈心启，吉占和. 中国兰花全书 [M]. 2版.北京：中国林业出版社，2003.

[2] 董国兴. 蝴蝶兰 [M]. 北京：中国林业出版社，2004.

[3] 杜君，王利民，孟月娥，等. 我国蝴蝶兰产业发展现状及对策研究 [J]. 北方园艺，2015（9）: 172–175.

[4] 黄树钦，张正梁. 连栋大棚蝴蝶兰软腐病发病规律与防治探究 [J]. 现代园艺，2017（20）: 49–50.

[5] 李淑英，陈永胜，张颖，等. 蝴蝶兰病毒的防范措施 [J]. 黑龙江农业科学，2017（6）: 159–161.

[6] 李娜. 东北地区蝴蝶兰日光温室栽培技术 [J]. 上海交通大学学报(农业科学版)，2008（5）: 155–157.

[7] 刘博文. 蝴蝶兰瓶苗的驯化与栽培管理 [J]. 中国林副特产, 2011（4）: 67.

[8] 王俊，杨书才，杨录军，等. 郑州市蝴蝶兰产业现状、存在问题及发展建议 [J]. 河南农业科学，2011，40（12）: 17–19.

[9] 王瑞华，王俊. 中国蝴蝶兰产业现状及发展建议 [J]. 湖北农业科学，2018（3）: 45–47.

[10] 朱根发. 蝴蝶兰种质资源及杂交育种进展 [J]. 广东农业科学，2015，42（5）: 31–38.

[11] 郑荔丹，张宏宇，江赜如，等. 蝴蝶兰脱毒技术研究进展与展望 [J]. 分子植物育种，2018，16（2）.

[12] 钟士传. 蝴蝶兰的催花及花期管理 [J]. 中国种业，2005（7）: 55–56.